WESTEND

Timm Koch

HERR BIEN UND SEINE FEINDE

Vom Leben und Sterben der Bienen

WESTEND

Mehr über unsere Autoren und Bücher:
www.westendverlag.de

Die Deutsche Nationalbibliothek verzeichnet diese
Publikation in der Deutschen Nationalbibliografie;
detaillierte bibliografische Daten sind im Internet über
http://dnb.d-nb.de abrufbar.

ISBN 978-3-86489-182-3
1. Auflage 2018
© Westend Verlag GmbH, Frankfurt/Main 2018
Umschlaggestaltung: Buchgut Berlin
Satz: Publikations Atelier, Dreieich
Fotos im Innenteil: © Timm Koch; Foto in Kapitel 9 mit freundlicher Genehmigung
von Professor Randolf Menzel
Druck und Bindung: CPI – Clausen & Bosse, Leck
Printed in Germany

Inhalt

Für meine Kinder
Tula und Sid

1
Ein Wesen namens Bien

Herr Bien weiß, wo ich wohne. Mindestens zweimal im Sommer schaut er bei mir vorbei und fordert entrüstet den Honig zurück, den ich ihm geklaut habe.

Wer ist dieser Herr Bien? Jeder kennt ihn, und doch wissen die wenigsten um seine Existenz. Die Menschen sehen vor lauter Bienen den Bien nicht. Imker sprechen bei einem Bienenschwarm meist von einem Volk. Hinter diesem Ausdruck verbirgt sich bereits die Möglichkeit des gemeinsamen Handelns. Manche gehen gedanklich noch einen Schritt weiter. Sie betrachten die Gesamtheit der zwanzig- bis sechzigtausend Individuen, die gemeinsam einen Bienenschwarm ausmachen, zusammen mit ihren Waben und Vorräten an Honig und Pollen als ein alleiniges Wesen. Der Imker und Tischler Johannes Mehring (1815 bis 1878) war der Erste, der auf die revolutionäre Idee kam, den Bienenschwarm als »Einwesen« zu betrachten. Dieses vom Verstand schwer zu fassende Etwas taufte er »Bien«. In seinem 1869 erschienenen Buch *Das neue Einwesensystem als Grundlage zur Bienenzucht* bereitete er die Grundlage für ein neues Verständnis des hochentwickelten Insekts. Der Soziobiologe Jürgen Tautz geht heute noch weiter und vergleicht den Bien mit einem Säugetier. Mir persönlich gefällt die Bezeichnung »Herr Bien« für dieses Schwarmwesen, weil sie seine unbestreitbare Herrschaft über unzählige Facetten des Lebens auf unserem Planeten mit einschließt.

Kehren wir zurück zu den regelmäßigen Hausbesuchen unseres Herrn Bien. Je wärmer der Honig, desto besser fließt er beim Schleudern. Deshalb wähle ich für die Honigernte einen warmen, oder noch besser: einen heißen Tag. Ich schiebe dann den Handkarren zu meinem Gartengrundstück und entnehme den Bienenstöcken die reifen Waben. Mein Rückweg zu unserem Haus wird nach erfolgter Honigernte unweigerlich von zwei bis drei Kundschafterbienen begleitet. Die merken sich genau, wohin ich das gestohlene Süß bringe. Während sie um mich herumsummsen, muss ich jedes Mal an Hugin und Munin denken. Diese beiden Raben aus dem germanischen Pantheon ließen, während sie umherflogen, den einäugigen Göttervater Odin durch ihre Augen sehen. So sorgten sie zu Wikingerzeiten für eine Art Drohnenaufklärung am mythischen Himmel der Nordmänner. Der Mensch träumte damals von einer Fähigkeit, die Bien schon seit geschätzten dreißig Millionen Jahren beherrscht. Dank fortschreitender Technik kann der Mensch sich brüsten, diese Fähigkeit nun auch

Mein Handkarren. Ein praktisches Gefährt in vielen Lebenslagen

zu besitzen: Das US-Militär entwickelt mittlerweile Spionagedrohnen in Insektengröße mit dem Aussehen eines Moskitos.

Doch ich schweife ab. Kehren wir zurück zu meinem Honigdiebstahl. Biens fliegende Augen begleiten mich, bis ich den Bollerwagen in meinen Hof gelenkt habe, von wo aus ich die über zwanzig Kilogramm schweren, Zarge genannten Bienenkisten in die Küche schleppe. Dort schließe ich, aus Erfahrung klug geworden, trotz Hitze erst einmal sämtliche Türen und Fenster. Biens fliegende Augen kehren indes zurück zum Bienenstock und legen dort einen Schwänzeltanz hin, der sich gewaschen hat.

Die Kundschafterinnen machen etwa fünf Prozent der Flugbienen eines Volkes aus. Bei ihnen handelt es sich um Bienen, deren Lebensspanne sich dem Ende zuneigt. Dies hat für den Bien zweierlei Vorteile. Einerseits kennen sich diese Individuen bereits gut aus in ihrer Umgebung und haben Erfahrung. Andererseits ist ihr Job, Futterquellen ausfindig zu machen, gefährlich. Zielloses Umherschweifen und Suchen erhöht nämlich gegenüber dem direkten Ansteuern eines Ziels das Risiko, von einer Hornisse oder einem Vogel erwischt zu werden. Der Verlust einer Kundschafterin schmerzt das Volk demnach weniger als der Tod einer frisch in den Dienst getretenen Sammlerin. Dazu muss man wissen, dass Sommerbienen nur etwa fünf bis sechs Wochen alt werden. Im Normalfall übergibt eine Kundschafterin einer sogenannten Vorkosterbiene dann eine Probe des gefundenen Futters, sei es Nektar oder sei es Pollen. Wenn die Qualität des Futters die Vorkosterbiene zufriedengestellt hat, animiert sie die Kundschafterin durch intensiven Fühlerkontakt zum Tanzen.

Liegt die Futterquelle im Radius von etwa hundert Metern, so wählt die Kundschafterin den Rundtanz. Sie läuft etwa drei Minuten im Kreis, wobei sie nach jeder Drehung einen Richtungswechsel vollzieht. Bald schon folgen ihrem Tanz zwei oder drei Sammlerinnen. Sie begeben sich dabei in die unmittelbare Nähe des

Hinterleibs der Kundschafterin und bekommen so Aufschluss über den Geruch der Nahrung. Sodann fliegen sie los und orientieren sich bei der Nahrungssuche nach ihrem Geruchssinn.

Liegen die Dinge komplizierter, etwa weil die Nahrungsquelle weiter entfernt ist und es auf dem Weg dorthin Hindernisse wie beispielsweise Berge oder hohe Bäume zu überwinden gilt, so wählt die Kundschafterin den Schwänzeltanz. Hierbei läuft sie unter heftigem Vibrieren des Hinterleibs zuerst einige Zentimeter auf einer geraden Linie, bevor sie im Halbkreis wieder an den Ausgangspunkt zurückkehrt. Relativ zum Sonnenstand wird so die Richtung der Futterquelle angegeben. Je länger der Schwänzeltanz dauert, desto weiter entfernt liegt das Futter, und je ergiebiger die Futterquelle ist, desto intensiver wird geschwänzelt; in meinem Fall also sehr, sehr intensiv.

Einmal begonnen, löst der Schwänzeltanz mittels Nachahmung eine Kettenreaktion aus. Bald schon tanzt das ganze Volk – und jede verfügbare Sammlerin kennt die Adresse des dreisten Honigdiebs. Es dauert nicht lange und sie machen sich auf den Weg. Bien streckt seine fliegenden Hände aus, das geraubte Gut zurückzutragen.

Ihr Weg zu unserem Haus führt sie bedauerlicherweise über das Gelände eines Kindergartens. Dort kam es bereits vor, dass eines der Kleinen die unfreiwillige Bekanntschaft mit einer Eigenart des Biens gemacht hat, die ich »evolutionär erlernte Schwarmintelligenz« nenne. Auch wenn die Auswirkungen dieser Intelligenz für Mensch und Tier etwas unangenehm sein können, so ergibt sie doch Sinn, wenn man ein wenig darüber nachdenkt. Zunächst aber verfängt sich eine Flugbiene im Haarschopf des Kindes, krabbelt mit fürchterlichem Summen, der panischen Schläge nicht achtend, bis zur Kopfhaut herunter und sticht zu. Für die Biene bedeutet dieser Stich den Tod, für das Kind eine schmerzhafte Beule am Kopf und für mich das Klingeln des Telefons. Ich schle-

cke mir dann die Finger sauber, hebe ab und versuche, die aufge-
brachte Kindergärtnerin zu besänftigen.

Woher kommt dieser Drang, bei der Berührung mit Haar bis
zur Kopfhaut zu krabbeln, dabei fürchterlich drohend zu brummen und schließlich den Selbstmordstich zu platzieren? Warum
wird aus der tragenden Hand urplötzlich eine Faust? Und warum
ist das intelligent?

Um diese Fragen zu beantworten, muss man sich klarmachen,
wer außer dem Menschen noch als Honigdieb in Frage kommt.
Die Antwort ist: der Bär. Tina Birgitta Lauffer alias »Tijo Kinder-
buch« dichtet zu dem Thema:

Ein Bär, der wollte Honig naschen,
aus dem Bienenneste.
Brumm brumm …
Alarm, gab's gleich beim Bienenvolk,
schnell stechen – aber feste.
Summ summ …

Der Bär kann vorzüglich klettern, ist wie der Mensch ein Allesfresser, der es gerne süß mag, und verfügt über kräftige Krallen, mit
denen er imstande ist, das faulige Holz des hohlen Baumes, der
dem Bien als Neststatt dient, fortzureißen, um an die Waben zu
gelangen. Während der Mensch vielerorts eine Symbiose mit dem
Bien eingegangen ist, ihn hegt und pflegt und für das gestohlene
Gut mit Zuckerwasser entschädigt, ist der Bär ein reiner Räuber.
Er bedient sich und hinterlässt Tod und Zerstörung. Kein Wunder
also, dass der gute Herr Bien ihn nicht ausstehen kann. Welche
Eigenschaft zeichnet einen Bären aus? Er ist pelzig. Wie hoch aber
ist die Wahrscheinlichkeit, dass eine Sommerbiene in ihrer sechs-
wöchigen Lebensspanne eine Begegnung mit einem Bären hat?
Und dann auch noch eine, die ihr Stock, also der Gesamtorganis-

mus des Biens, überlebt, um daraus seine Lehren für die nächste Begegnung ziehen zu können? Sie ist sehr gering. Also folgt die Biene, wenn sie auf den Schlüsselreiz »Pelz« trifft, dem genetisch festgelegten Verhaltensmuster, laut drohend zu brummen, sich zur Haut vorzuarbeiten und zu stechen. Diesem Bio-Mechanismus gehorcht sie in aller Konsequenz, selbst bei Kindergartenkindern. Wissenschaftler sprechen hier von »genetischer Intelligenz«, die im Gegensatz zur »erlernten Intelligenz« steht. Ein Mensch, der sich einer Bienenbehausung nähern will, ist also stets gut beraten, seine Haare unter einer Kopfbedeckung zu verbergen.

Welche andere Eigenschaft hat der pelzige Bär? Sein Pelz ist dunkel. Ausnahmen bilden nur die Eisbären vom Polarkreis, wo Bienen relativ selten anzutreffen sind, und der rare weißgefärbte Kermodebär aus den kalten Regenwäldern der kanadischen Westküste. Ansonsten sind Bären braun oder schwarz. Deshalb also ist der Imkeranzug weiß. Die Farben Braun und Schwarz mag der Bien überhaupt nicht.

Mein armer Labradorrüde Pogo, der jetzt schon seit zwei Sommern durch die ewigen Jagdgründe schweift und dort treu auf mich wartet, machte sich bei aller Verfressenheit nie besonders viel aus Honig. Sonst stets gutgelaunt zu einem Spaziergang aufgelegt, hasste er kaum etwas so sehr, wie den Gang zu meinen Bienenvölkern. Er, der sein Leben lang immer ein wenig harthörig war, parierte stets aufs Wort, wenn der Befehl kam »Ab in die Hecke!«. Dann verkroch er sich unter der dichten Buchsbaumhecke und hoffte, dass Herr Bien ihn dort nicht finden würde. Leider klappte dies nicht immer – besonders bei der Honigernte wurde er des Öfteren in seinem Versteck entdeckt. Die Folgen waren ein jämmerliches Quieken und eine Hals-über-Kopf-Flucht durch das Loch im Zaun. Am Ende kam es immer häufiger vor, dass Pogo diesen Ausweg wählte, noch bevor die Bienen ihn entdeckten. Während ich mich in meine Arbeit vertiefte, schlüpfte er unbemerkt durch sein Loch und unternahm, statt den Angriff abzuwarten, lieber einen kleinen Spaziergang zum Rheinufer. Dort kann man prima Katzen und Kaninchen jagen. Das fand er allemal besser, als sich von den Bienen mit einem Bären verwechseln zu lassen. Wie viele andere Labradore pflegte er einen unabhängigen Geist und war außerordentlich intelligent. Unser neuer Hund, eine irische Springer-Spaniel-Dame, die auf den Namen Ska hört, ist schwarz-weiß gefleckt wie eine Kuh und war bemerkenswerter Weise noch nie das Ziel einer solchen Attacke – und dies, obwohl ihr die Sache mit der schützenden Hecke bislang nie so richtig in den Kopf wollte.

Wenn Herr Bien die Fäuste ballt, so ist dies nicht nur ziemlich schmerzhaft, sondern kann übrigens durchaus tödlich wirken. Stichwort anaphylaktischer Schock. Dies ist eine allergische Reaktion des Körpers auf das Bienengift. Bei Allergikern reicht manchmal schon ein einziger Stich. Mein großer Bruder erlitt als Kind einmal einen solchen Schock, als er sich auf unserer Hängematte in eine Hummel setzte. Das eigentlich friedliebende Tier erwischte mit seinem Stachel ausgerechnet ein Blutgefäß in seinem Hintern, was zur rasanten Ausbreitung des Giftes in seinem Körper und in der Folge zu der allergischen Reaktion führte. Ich stand mit meiner Mutter im Wohnzimmer, als er vor Schmerz schreiend hereingerannt kam und sein Körper sich vor unseren Augen aufblähte wie in einem Zombiefilm. Meine Mutter fuhr ihn in höchster Panik in das zum Glück nahe gelegene Krankenhaus, wo er mit einer Gabe von Antihistaminikum gerettet wurde. Die große Gefahr bei einem anaphylaktischen Schock besteht nämlich darin, dass die Zunge zusammen mit dem ganzen Rest des Körpers so weit anschwillt, dass das Opfer erstickt.

Ich selber schaffe es selten, ohne Stiche von meinen Völkern nach Hause zu kommen. Ich spüre zwar immer noch bei jedem Stich einen herzhaften Schmerz, doch tut es nicht mehr ganz so weh wie am Anfang. Als ich das Imkern begann, schwollen bei Stichen in die

Der Smoker ist ein ganz wichtiges Werkzeug des Imkers. Ihn anzuheizen erfordert ein wenig Geschick.

Hände diese an wie Luftballons. Heute erinnert mich nach einer Weile nur noch ein Jucken daran, dass rund um die Einstichstelle ein wenig Gewebe abgestorben ist. Ich bin desensibilisiert.

Gemeinerweise ist man vom ersten Stich an mit einem Duftstoff, einem Pheromon, als Feind markiert. Das reizt die übrigen Bienen zum Angriff – und aus einem Stich werden so schnell drei oder vier oder noch mehr. Man sollte deshalb immer ein wenig Wasser mit sich führen, um die betreffende Stelle abzuwaschen. Dann verliert sich dieser Effekt. Bienengift ist übrigens – solange man nicht dagegen allergisch ist – eine äußerst gesunde Angelegenheit und wahrscheinlich mit ein Grund dafür, dass Imker oft ein sehr hohes Alter erreichen. Seine Fähigkeit, Krebszellen zu zerstören, ist wissenschaftlich nachgewiesen und im Rahmen der Apitherapie hilft es noch gegen eine ganze Reihe anderer Krankheiten wie Rheuma oder Ischias. Mehr dazu später.

Direkt abgefüllt schmeckt kein Glas Honig wie das andere. Die Durchmischung der einzelnen Trachten ist viel geringer als in einem großen Hobbock, einem Kübel zur Honigaufbewahrung.

Es gibt noch eine weitere Verhaltensart, die in Richtung evolutionärer, genetischer Intelligenz weist: die Reaktion der Bienen auf Feuer, genauer gesagt, auf Rauch. Jedes Kind weiß, dass Wachs gut brennt. Gleiches gilt für hohle Bäume. Viele von ihnen sind abgestorben, dadurch trocken und einem Waldbrand somit noch schutzloser ausgeliefert als lebendige. Was also tun beim Ausbruch eines Brandes? Wegfliegen natürlich. Doch bevor man wegfliegt, sollte man so viel »Flugbenzin« wie möglich tanken. Denn wer weiß schon, wie lange es dauert, bis man an neues kommt? Biens Kerosin ist der Honig. Sobald die Tiere Qualm riechen, setzen sie sich vor die nächste Honigzelle und saugen so viel Honig in sich hinein, wie sie nur können. Das ist ihnen derart wichtig, dass sie darüber sogar vernachlässigen, den angreifenden Menschen stechen zu wollen. Imker weltweit machen sich dieses Verhalten zunutze, um Bien beim Öffnen seines Stocks zu besänftigen. Mithilfe eines sogenannten Smokers, der mit einem kleinen Blasebalg funktioniert, wird Rauch erzeugt. Man füllt ihn mit getrocknetem Rainfarn oder Gras. Ich selber nehme normalerweise Hobelspäne, die ich mit einem Stück Birkenrinde entzünde. Es gibt auch die Imkerpfeife, die ähnlich aussieht, aber mit Atemluft betrieben wird. Da sie aber die Zähne schädigen kann und der ständige Rauch die Augen und die Atemwege reizt, kommt sie langsam aus der Mode.

Kehren wir zurück in meine nunmehr angenehm nach Wachs und Honig riechende Küche. Trotz der Düfte wird die Luft hier immer stickiger. Die ersten Bienen sind, durch den Schwänzeltanz über den Verbleib ihres geraubten Honigs genauestens informiert, an den Fensterscheiben gelandet und begehren Einlass. Im Laufe des Nachmittags werden es noch eine Reihe mehr werden. Die Fenster müssen also geschlossen bleiben. Hund und Katze werden vor die Türe verbannt, denn wir haben keine Lust auf Tierhaare in

Eine Honigschleuder funktioniert mit Zentrifugalkraft. Es gibt Tangential-, Radial- und Selbstwendeschleudern.

unserem Honig. Mit Schweißperlen auf der Stirn entblöße ich dann meinen Oberkörper und mache mich an die Arbeit, die Honigschleuder aufzubauen. Ich besitze ein Gerät aus Edelstahl, welches vier Waben fasst. Die Honigschleuder ist ein tonnenförmiges Gebilde, auf dem sich oben eine Kurbel befindet und im Innern ein Drahtkorb zur Aufnahme der Waben. Ich schraube es gewöhnlich auf eine Holzpalette, welche ich wiederum in meinen Küchenboden aus Fichtendielen verankere. Dies ist wahrscheinlich nicht die professionellste Art der Honiggewinnung, aber bei uns funktioniert sie. Wir leben recht rustikal in einem alten Fachwerkhaus. Ein paar Schraublöcher im Küchenboden stören uns nicht weiter. Während ich also die Schleuder montiere, hat meine Frau schon die Entdeckelungsgabel gezückt.

Nektar enthält Zucker. Wer hat nicht als Kind an Taubnesselblüten gesaugt und ganz schwach die Süße darin geschmeckt? Bienen sammeln aber nicht nur Nektar, sondern auch Honigtau. Ersterer stammt aus den Nektarien der Blütenpflanzen und ist der Preis, den sie für die Bestäubungsleistung der Insekten zu zahlen haben. Letzterer ist das Ausscheidungsprodukt verschiedener Blatt- oder Schildlausarten, die die Kapillaren der Pflanzen anzapfen und nur einen geringen Anteil des im Pflanzensaft enthaltenen Zuckers in ihren kleinen Körpern selber verwerten. Sowohl Nektar als auch Honigtau haben einen hohen Wasseranteil. Die Biene sammelt beides in ihrer Honigblase. Zurück im Bienenstock würgt sie den Blaseninhalt aus und gibt ihn an Stockbienen ab, die ihn wiederum an mehrere andere Bienen übergeben, bis er letztlich eingedickt und mit Drüsenstoffen angereichert in der Zelle landet. Dort wird solange mit heftigem Flügelschlag Luft über die offene Zelle gefächelt, bis der Wassergehalt ausreichend gesunken ist und man von Honig sprechen kann. Dann wird ein Deckel aus Wachs über die Zelle gezogen, das in der Wachsdrüse der Insekten produziert wird. Eine Honigwabe ist erst reif, wenn sie zu mindestens

Eine reife Honigwabe harrt ihrer Entdeckelung.
Meine Schwiegermutter Ingeborg Dorchenas

zwei Dritteln verdeckelt ist, dann liegt der Wassergehalt des Honigs bei etwa achtzehn Prozent. Diese Deckel müssen vor dem Schleudern entfernt werden. Dazu dient die mit vielen feinen Zinken versehene Entdeckelungsgabel. Fingerschlecken ist übrigens fester Bestandteil des Jobprofils.

Einmal entdeckelt, werden die in Holzrähmchen hängenden Waben in die Schleuder gestellt. Sobald vier Rahmen drin sind, beginne ich zu kurbeln. Die Zentrifugalkraft lässt den Honig in dünnen Schlieren an die Schleuderwand fliegen, von dort aus fließt er via Quetschhahn durch ein Sieb in den bereitgestellten Behälter – alles genau beobachtet durch das Küchenfenster, von einer ganzen Reihe von Facettenaugen.

Je nachdem wie alt die Waben sind, trage ich sie entweder zurück in die Bienenstöcke oder schmelze sie ein. Frische Waben sind von einem appetitlichen Gelb, alte hingegen fast schwarz. Die Schwarzfärbung stammt vom Kot der Bienenlarven, die in den Zellen herangezogen wurden. Die perfekt sechseckigen Zellen werden nämlich je nach Zeitpunkt und Position im Stock für unterschiedliche Aufgaben genutzt, als Lagerraum und Kinderstube. Auch Brutzellen werden verdeckelt, dann nämlich, wenn die Larve sich zum fertigen Insekt verpuppt. Brutdeckel stehen ein wenig aus der Wabenfläche hervor und sind akzentuierter als die Honigdeckel. Die fertig verpuppte Biene muss sich nach Abschluss der Metamorphose hindurchnagen, um nach draußen zu gelangen. Neben Honig wird in den Waben auch Pollen eingelagert. Dieser ist eiweißreich und dient der Brut als Futter. Honig und Pollen werden kranzförmig im oberen Drittel der Wabe um die Brut herum eingelagert.

Altes Wachs schmelze ich in einem Dampfdrucktopf ein. Einmal beging ich die Unachtsamkeit, diesen Topf nach dem Einschmelzen abends auf unsere Terrasse zu stellen. Er enthielt Reste von Honig, was der Aufmerksamkeit des Herrn Bien natürlich nicht entgehen konnte. Am nächsten Morgen stellte ich regen Flugverkehr über meinem Terrassenhimmel fest. Der Dampfdrucktopf enthielt geschätzte zehntausend der Insekten. Erstaunlich war, dass ich sämtliche Bienen aus dem Topf herauskippen konnte und keinen einzigen Stich abbekam, obwohl ich keinen Schutzanzug trug. Das zeigt, was für ein friedliebender Kerl unser Herr Bien doch eigentlich ist. Nie würde er mich in meinem Zuhause angreifen. Er versucht nur zurückzuholen, was ihm gehört. Bei Störungen am Stock sieht die Sache natürlich anders aus.

Dabei verfügt er über ein erstaunliches Erinnerungsvermögen. Im zeitigen Frühjahr, wenn die Weidenkätzchen noch nicht aufgegangen sind und Haselnusspollen die einzige Nahrungsquelle darstellen, locken ihn die ersten zaghaften Sonnenstrahlen aus seinem Stock. Bienen fliegen ab einer Lufttemperatur von 13 Grad Celsius. Es ist die hungrige Zeit. An diesen Tagen im Februar höre ich manchmal ein leises Aufprallen an meinem Küchenfenster. Das sind dann Bienen, die vorbeigeflogen kommen, um zu kontrollieren, was aus ihrem gestohlenen Wintervorrat geworden ist. Das geht nicht nur mir so. Auch andere Imker wissen von diesem Phänomen zu berichten.

Lassen wir den Honig eine Weile hinter uns. Bisher haben wir uns Gedanken über Biens Augen, sein Gedächtnis und seine Hände gemacht. Es wird Zeit für das Thema Sex. Für Anhänger der Einwesentheorie stellen die Königin Biens weibliches und die Drohnen sein männliches Geschlechtsorgan dar. Denkt man in diese Richtung weiter, so sind die Brutwaben seine Gebärmutter. Im Frühsommer, wenn alles grünt und blüht, beginnt die sogenannte Schwarmzeit – Bien will sich fortpflanzen –, und für mich die Zeit der Schwarmkontrollen. Was passiert, wenn ich hierbei nachlässig bin und Bien seinen Schwarmtrieb ungesteuert ausleben kann, möchte ich erklären.

Die Königin legt am Tag bis zu zweitausend Eier, die der Imker ihrer Form halber »Stifte« nennt. Gleichzeitig kommen ständig neuer Honig und neuer Pollen herein. Herr Bien weiß bald nicht mehr, wohin mit dem ganzen Zeug. Im Stock wird es eng und für den Schwarm Zeit, sich zu teilen. Das Prinzip seiner Fortpflanzung hat Bien sich also bei den Einzellern abgeguckt.

Im Detail läuft die Sache allerdings ein wenig komplizierter ab. Zuerst beginnt Bien mit der Drohnenproduktion. Drohnenzellen sind ein gutes Stück größer als die der Arbeiterinnen. Die Bienen legen ganze Drohnenwaben mit diesen übergroßen Zellen an. Die Königin, die kurz nach ihrem Schlüpfen bei dem Begattungsflug genug Spermien für den Rest ihrer bis zu vier Jahre währenden Lebensdauer in der sogenannten Samenblase aufgenommen hat (dazu später mehr), kann steuern, ob sie ein befruchtetes oder ein unbefruchtetes Ei legt. In die Drohnenzellen legt sie unbefruchtete, in die Arbeiterinnenzellen befruchtete Eier. Tummelt sich erst einmal eine Anzahl Drohnen im Stock, beginnen die Arbeiterinnen mit dem Anlegen von sogenannten Weiselzellen. Die liegen in der Regel am unteren Wabenrand. Die Menschen des patriarchalisch geprägten Mittelalters hielten die Bienenkönigin nämlich für einen Bienenkönig, dem sie den Namen »Weisel« gaben. Daher der Name der Zellen.

Die Auslösung des Schwarmtriebs wird über die Konzentration bestimmter Pheromone im Stock gesteuert. Pheromone sind Botenstoffe, die vor allem von Insekten, aber auch von anderen Tieren zur Übertragung von Informationen genutzt werden. Hat die Pheromonkonzentration einen kritischen Level erreicht, beginnen die Arbeiterinnen mit dem Bau der Weiselzellen. Im Näpfchenstadium legt die Königin Eier (»Stifte«) hinein. Ist das Näpfchen einmal »bestiftet«, geht es mit dem Bau der Weiselzelle zügig voran. Wie die Kuppe des kleinen Fingers eines Kindes ragt sie schließlich vertikal nach unten aus der Wabe. In der Regel werden vier oder fünf dieser Zellen auf einmal angelegt. Die Larven darin werden mit dem Königinnenfutter Gelée royale versorgt. Ammenbienen produzieren diesen Futtersaft in eigenen Futterdrüsen. Allein der Unterschied zwischen Gelée royale auf der einen und Nektar und Pollen auf der anderen Seite entscheidet darüber, ob aus einem befruchteten Ei eine Königin oder eine Arbeiterin schlüpft.

Sobald die Königinnenzellen einmal verdeckelt sind, kann nichts den Schwarmtrieb mehr stoppen. Der Hinterleib der vorhandenen Königin, das Abdomen der »Alten«, schwillt ab, damit sie leicht genug zum Fliegen ist. Kurz vor dem Schlüpfen ihrer königlichen Töchter verabschiedet sie sich mit allen Flugbienen aus dem Stock. Zurück bleiben lediglich die Brut, die Ammenbienen und die fast fertigen Königinnen. Der ganze Vorgang wird mit Geräuschen begleitet. Bevor die erste Jungkönigin schlüpft, gibt sie ein »Quaken« von sich, um sich zu vergewissern, dass die Altkönigin bereits ausgeflogen ist. Ist Letztere zum Beispiel wegen schlechten Wetters noch im Stock, so antwortet sie mit einem »Tüten« – und das Schlüpfen verzögert sich. Hat die »Neue« sich dann aus ihrem Wachsdeckel herausgefressen, fängt sie ihrerseits an zu »tüten«. Dies wird dann mit einem »Quaken« der anderen Königinnenlarven aus den Weiselzellen beantwortet. Die Jungkönigin weiß dadurch, wo sich ihre Schwestern befinden, und macht sich sogleich auf den Weg, sie durch die Wachswand ihrer Zellen hindurch abzustechen. Dies sind die einzigen Male, dass eine Königin von ihrem Stachel Gebrauch macht. Danach bildet er sich zugunsten des Legeapparates zurück. Der Wechselgesang von »Quaken« und »Tüten« ist auch außerhalb des Stockes für das menschliche Ohr hörbar.

Kurz nach vollzogenem Schwesternmord begibt sich die Jungkönigin auf den Begattungsflug. Unsere heimischen Jungköniginnen werden dabei von rund einem Dutzend Drohnen befruchtet, bei den Königinnen der asiatischen Riesenhonigbiene kommen bis zu dreißig zum Einsatz. Etwa zwei Wochen nach Abschwärmen der Altkönigin beginnt die Neue dann ihrerseits mit der Eiablage. Später werde ich noch genauer auf die Fortpflanzung des Biens und seine Rolle in der Imkerei eingehen.

Was geschieht aber mit dem abgegangenen Schwarm? Er sammelt sich fürs Erste in einem nahe gelegenen Baum oder Busch. Von dort werden Kundschafterinnen ausgesandt, die sich nach einer neuen Wohnstätte umsehen. Haben sie einen geeigneten hohlen Baum, ein Felsenloch oder etwas Ähnliches gefunden, so erstatten sie tanzend Bericht. Dabei zeigt sich, dass größere Schwärme bei der Suche nach einer neuen Wohnstatt gegenüber kleineren im Vorteil sind. Sie können mehr Kundschafterinnen ausschicken und so besser abwägen. Fast könnte man sagen, sie seien intelligenter. Ist ein geeigneter Hohlraum einmal gefunden, so fliegt der Schwarm gemeinsam dorthin, und schon wenige Tage nach dem Einzug wird mit dem Bau neuer Waben begonnen.

Für mich als Imker bedeutet der unkontrollierte Abgang eines Schwarms zunächst einmal, dass die Honigleistung meines Volkes zurückgeht. Bis die neue Königin sich eingearbeitet hat, ist die Hälfte des Sommers vorbei und damit eine Reihe vielversprechender Trachten. Wer im Zusammenhang mit der Imkerei von einer Tracht spricht, der meint die Blüte der jeweiligen Bäume oder Blumen oder eben das Vorkommen Honigtau gebender Blattläuse. Daher stammen die Bezeichnungen »Frühtracht«, »Sommertracht« oder auch »Waldtracht«.

Solange der alte Schwarm noch in einem Baum oder Strauch hängt, habe ich die Möglichkeit, ihn wieder einzufangen. Zuletzt rief mich eine Nachbarin, als sie einen riesigen Schwarm etwa acht Meter hoch in den Ästen ihrer Douglasie entdeckte. Ich bin gar nicht sicher, ob er von meinen Völkern stammte oder einem Imkerkollegen entfleucht war. In diesem Falle gilt bei der Imkerei:

*Mein Bienenstand
im Rheintal*

Wer zuerst kommt, mahlt zuerst. Tatsächlich ist die Gesetzeslage sogar dermaßen geregelt, dass ein Imker zum Fangen seines Schwarmes fremde Grundstücke betreten darf, auch wenn deren Eigentümer dies nicht wünscht. In der Praxis ist man natürlich gut beraten, nicht auf Paragrafen herumzureiten, sondern die entsprechende Person mit einem Glas Honig gnädig zu stimmen.

Zum Glück verfüge ich über eine hohe Leiter. Angetan mit meinem Schutzanzug und bewaffnet mit einer Speißbütte und einem Wasserzerstäuber, erklimme ich die Douglasie. Meine Höhenangst muss dem Jagdtrieb weichen. Ich besprühe den Schwarm solange mit Wasser, bis er schön schwer geworden ist. Dann schlage ich den Ast entschlossen auf den Büttenrand und der Schwarm fällt mit einem Fauchen hinein. Ich decke die Bütte mit einem Deckel zu und fahre ihn mit dem Bollerwagen zurück zu meinem Bienenstand. Dort kippe ich ihn in eine neue, leere Kiste und warte, damit er sich an sein neues Zuhause gewöhnen kann, einige Tage ab, bevor ich ihm neue Rähmchen zum Wabenbau dazugebe.

In diesem Zusammenhang erinnere ich mich immer gerne an eine Episode aus den Anfängen meiner Imkertätigkeit zurück. Ich nahm damals im Zuge einer Gasthörerschaft am Bonner Institut für Bienenkunde an einem Seminar teil. Imkermeister Dete Papendieck, der Institutsimker, war damals für den praktischen Teil des Seminars verantwortlich. Heute nenne ich ihn insgeheim und liebevoll meinen Imkervater. Er ist zwar nur wenig älter als ich, aber er stand mir auch nach dem Seminar immer mit Rat und Tat zur Seite, wann immer ich seine Hilfe benötigte. Die Vorfahren meiner Bienenvölker stammen aus seiner Zucht.

Damals machte er sich den Umstand zu Nutze, dass ein schwärmendes Volk vor dem Losfliegen erst einmal wie ein zu flüssig geratenes Mousse au Chocolat aus dem Flugloch der Bienenzarge heraus auf den Boden quillt. Er kam genau zum rechten Zeitpunkt, fand die Königin, griff beherzt mit Daumen und Zeigefinger in das Gewusel und wurde ihrer habhaft. Sodann funktionierte er einen Lockenwickler zum königlichen Kerker um und legte seine Gefangene auf den Boden einer Hängematte, die in der Nähe des Bienenstands zwischen zwei Bäumen hing, damit wir Studenten am nächsten Tag unseren Spaß mit ihr haben könnten. Um den Rest des Schwarms brauchte er sich keine Sorgen zu machen: Der konnte das Pheromon seiner Königin riechen und bildete alsbald eine dichte Traube um sie herum.

Am Nachmittag des nächsten Tages setzten wir uns alle im Kreis um diese Hängematte. Niemand von uns trug einen Schutzanzug und trotz der überall herumschwirrenden Kundschafterbienen wurde keiner gestochen. Der Spaß ging los, als Dete den Lockenwickler mit der Königin aus dem Schwarm herausfischte. Sofort war sein ganzer Arm mit Bienen bedeckt. Danach durfte jeder mal ran. Je länger man den Lockenwickler in den Händen hielt, desto größer wurde die Bienentraube, die einem den Arm herauf kroch. Es war ein unbeschreibliches Gefühl; ein angenehmes Kribbeln wie von sanften elektrischen Stromstößen beschreibt es vielleicht am besten. Gleichzeitig wurde der Körper mit Adrenalin vollgepumpt. Eine Nahtoderfahrung! Was, wenn Bien auf einmal sauer wird und zusticht aus tausend tödlichen Stacheln? Nichts dergleichen geschah.

Es gibt wohl keine bessere Methode, seiner Insektenphobie Herr zu werden. Bilder, bei denen Menschen ein Bienenschwarm wie ein Bart am Kinn hängt, entstehen auf ähnliche Weise. Man muss sich nur den Lockenwickler in den Hemdkragen stecken, sollte dabei aber Obacht geben, die Nasenlöcher mit Watte zu verstopfen und durch den leicht geöffneten Mund zu atmen, damit die Bienen nicht in die Nase kriechen.

Vor der Erfindung der modernen Imkerei mit ihrem Kistensystem war das Schwärmenlassen und das anschließende Einfangen des Schwarms die einzige Möglichkeit für den Bienenhalter, seine Bienenvölker zu vermehren. Gerne wurde in der kritischen Zeit ein Kind dazu abgestellt, die Völker zu bewachen, um beim Abschwärmen sofort Alarm schlagen zu können. Ich stelle mir diese Form der Kinderarbeit sehr angenehm vor. Den ganzen Tag im Schatten liegen und Bienenhirte spielen – was kann es Schöneres geben?

Wie aber bekommt der heutige Imker das Sexleben des Herrn Bien in den Griff? Dazu gibt es eine Reihe von Varianten, etwa die Königinnenzucht und die »Kunstschwarmbildung«, auf die ich in Kapitel 5 eingehen werde. Für den Kraut-und-Rüben-Imker, wie ich einer bin, ist die Bildung von Ablegern die einfachste.

Eine Arbeiterin benötigt für ihre Metamorphose vom Ei bis zur fertigen Biene einundzwanzig Tage. Ein Drohn braucht dazu drei Tage länger. Am schnellsten ist tatsächlich die Königin »fertig«. Sie

Der Bienenstand von vorne. Die Honigräume sind aufgesetzt. Links im Bild sieht man zwei Königinnenabsperrgitter, die verhindern, dass Brut in den Honigraum gerät. Bei der Bienenbeute in der Mitte erkennt man die Pollenfalle in Aktion.

benötigt für die Gestaltumwandlung lediglich fünfzehn Tage, davon sieben in der verdeckelten Königinnen- oder Weiselzelle. Wissend, dass es dann ja bereits zu spät ist, den Schwarmtrieb noch zu bremsen, hat der Imker also eine gute Woche nach Eiablage Zeit, um steuernd eingreifen zu können. Er tut deshalb gut daran, einmal pro Woche eine sogenannte Schwarmkontrolle durchzuführen. Ist die Weiselzelle einmal entdeckt, hängt man das Rähmchen, an dem sie hängt, mitsamt der kompletten Wabe in eine frische Bienenkiste, gibt noch eine weitere Brut- und auch noch ein oder zwei Futterwaben hinzu, fegt mit dem Imkerbesen ordentlich Flugbienen dazu (idealerweise ohne die Königin dabei zu erwischen!), macht den Deckel drauf – und fertig.

Bei solch einer Ablegerbildung sollte das Volk ruhig ordentlich »geschröpft« werden. Einerseits hat der Ableger es leichter, wenn viele Sammlerinnen ihn von vornherein mit Futter versorgen, andererseits wird so auch wieder Platz in der Zarge geschaffen, was sich bremsend auf den Schwarmtrieb auswirkt. Also eine klassische Win-win-Situation.

Ich verfüge über einen Bienenstand im Rheintal und einen zweiten im nahe gelegenen Siebengebirge. Beide Stände liegen etwas mehr als sechs Kilometer voneinander entfernt. Das hat seinen Grund. Bienen fliegen nämlich in der Regel in einem Kreis von drei Kilometern um ihren Stock. Dringen die Arbeiterinnen über einen Schnittpunkt in ihren alten Flugkreis ein, haben sie die Fähigkeit, sich wieder zu orientieren, und finden problemlos zu ihrem ursprünglichen Stock zurück. Um zu verhindern, dass die Flugbienen einfach wieder nach Hause, in ihre alte Kiste fliegen, sollte der Ableger deshalb mindestens den doppelten Radius des Flugkreises vom Mutterstock entfernt stehen. Man kann den Ableger auch am selben Stand belassen. Er muss dann im Anfangsstadium allerdings allein mit den Ammenbienen zurechtkommen, was seine Entwicklung verzögern kann.

Es gibt auch die Möglichkeit, gar nicht erst abzuwarten, bis das Volk damit beginnt, Weiselzellen zu bauen. Man kann einen Ableger auch ohne Weiselzelle, nur mit einer Wabe voll frisch gelegter Eier bilden. Man hängt sie dazu einfach in eine neue Kiste und verfährt genau so, wie oben beschrieben. Die in der Ablegerkiste verstauten Bienen merken durch das Fehlen des königlichen Pheromons recht schnell, dass ihnen die Königin fehlt. Sie sind »weisellos«. In ihrer Panik greifen sie zu einem Mittel, das ich »die Wahl des königlichen Eis« nenne – Demokratie im Insektenstaat. Die Arbeiterinnen suchen eines der Eier heraus, das eigentlich dazu bestimmt war, eine Arbeiterin zu werden, und machen aus ihm eine Königin. Man spricht dann von einer »Nachschaffungszelle«, die irgendwo aus der Mitte der Wabe heraushängt, nicht an deren Rand. Diese spezielle Form der Königinnenzelle ist aus der Not geboren. Nach welchen Kriterien wird das Ei ausgewählt? Gilt das Zufallsprinzip? Ist das Ei, welches in den eigens dafür errichteten Weiselnapf gelegt wird, ein besonderes Ei? Schwer zu sagen.

Was geschieht jedoch, wenn die Nachzucht einer neuen Königin nicht funktioniert hat? Gehen wir einmal von folgendem hypothetischen, jedoch gar nicht so selten vorkommenden Fall aus: Der Imker hat durch ungeschicktes Agieren bei einer Schwarmdurchsicht ausgerechnet die Königin zerquetscht, ohne dies zu merken. Das weisellos gewordene Volk zieht sich mittels Nachschaffungszelle eine neue Königin heran. Diese landet jedoch während ihres Begattungsfluges im Schnabel eines insektivoren Vogels, beispielsweise eines Bienenfressers, oder hat einen Verkehrsunfall, indem sie auf der Windschutzscheibe eines Autos den Tod findet. Der Imker merkt den Verlust erst einmal nicht. Irgendwann beginnt er, sich über fehlende Brut zu wundern. Eine angemessene Reaktion in diesem Falle wäre die »Weiselprobe«: Er hängt frische Brut aus einem anderen Volk in das brutlose. Fehlt diesem wirklich die Königin, werden sie sofort beginnen, eine neue Nachschaffungszelle anzulegen. Man räumt ihnen sozusagen die Möglichkeit eines »zweiten Schusses« ein. Das Ei für eine Nachschaffungszelle darf nämlich höchstens zwei bis drei Tage alt sein. Danach taugt ein Bienenei nicht mehr zum Heranziehen einer Königin.

Eine weitere Möglichkeit, das Problem zu lösen, bestünde darin, dem Volk eine einzelne Königin aus einer Königinnenzucht beizusetzen. Dieser fehlt jedoch der jeweilige »Stockduft«. Damit sich die weisellosen Arbeiterinnen an den neuen Geruch gewöhnen können, steckt der Imker die Königin daher in einen Lockenwickler, dessen Öffnung er mit Futterteig verschließt. Die Bienen brauchen eine Weile, sich durch diesen Futterteig hindurchzufressen, und wenn sie bei der neuen Königin angelangt sind, kennen sie mittlerweile deren Geruch und akzeptieren sie als neue Herrscherin. Im Idealfall funktioniert das. Wenn nicht, wie bei mir vor einiger Zeit, fressen sie sich bis zur »Neuen« durch und stechen sie trotz Eingewöhnungsphase einfach tot.

Geschieht dies, oder reagiert der Imker einfach nicht auf die fehlende Brut, sehen sich die Arbeiterinnen nach einer gewissen Phase der Weisellosigkeit gezwungen, sich um alternative Fortpflanzungsmöglichkeiten zu kümmern. Sie wählen dann eine der ihren zur Königin. Die bildet dann eigene Eierstöcke. Mangels Begattung kann die Arbeiterinnenkönigin jedoch lediglich unbefruchtete Eier legen, aus denen ausnahmslos Drohnen schlüpfen werden. Wegen der ausbuchtenden Form der Drohnenzellen spricht man in einem solchen Fall von »Buckelbrütigkeit«. Damit es schlussendlich nicht ohne Nachkommen stirbt, versucht ein buckelbrütig gewordenes Volk mit letzter Kraft, seine Erbinformation in Form von Drohnen in die Welt hinauszutragen.

Wie wir sehen, ist der Bien ein hochkomplexes, faszinierendes und in Teilen immer noch rätselhaftes Wesen. Die Fortpflanzung durch Schwärmen lässt sich gewissermaßen mit der Zellteilung bei Einzellern vergleichen. Bei Letzteren fehlt jedoch der genetische

Austausch, den die Bienen durchaus haben, weswegen der Vergleich ein wenig hinkt. Neben der Zellteilung hat der Bien der Evolution weitere Überlebenstricks abgeschaut, beziehungsweise vorweggenommen: Die Einlagerung von Honig, um hungrige Zeiten zu überstehen, lässt sich mit der Bildung von Fettzellen vergleichen. Nicht umsonst besteht das Bienenwachs, in dem diese Einlagerung stattfindet, zu einem hohen Anteil aus gesättigten Fettsäuren. Außerdem ist der Bien ein wechselwarmes Wesen wie die Vögel oder die Säugetiere. Im Sommer, wenn bei großer Hitze das Wachs im Bau zu schmelzen droht, ventilieren die Tiere durch heftiges Flügelschlagen einen kühlen Luftstrom in den Bau.

Sobald im Winter der erste Frost einsetzt, bildet Bien die »Wintertraube«. Er befindet sich dann in der Winterruhe. Mit dem Winterschlaf der Säugetiere erfand die Evolution eine ganz ähnliche Methode, die polnahen Gegenden unseres Planeten zu besiedeln, ohne wie die Zugvögel vor der kalten Jahreszeit in warme Gebiete ausweichen zu müssen. In der Mitte dieser Wintertraube sitzt die Königin. In der äußeren Schicht der Traube wird durch Vibrieren der Muskulatur die Wärmegewinnung erreicht, sodass im Inneren durchgehend eine Temperatur von 25 Grad Celsius herrscht.

Natürlich muss der Herr Bien auch mal aufs Klo. Brutwaben, die eine Weile in Gebrauch waren, färben sich wie erwähnt schwarz vom Kot der Maden in den Zellen. Führt man keine Wabenhygiene durch, wird der Raum in den Zellen immer enger – und das hat zur Folge, dass die darin heranwachsenden Bienen kleiner und kleiner werden. Sie bringen dann auch weniger Honig heran. Deshalb ist es ratsam, diese Waben regelmäßig herauszunehmen und durch neue zu ersetzen. Ich schmelze die alten Waben in meinem Hof in einem großen Einkochtopf auf dem Gaskocher aus den Rähmchen. Das Ganze lasse ich abkühlen und gebe anschließend die festen Bestandteile noch einmal in einen Dampfdrucktopf.

Aus dessen Auslaufstutzen fließt dann neben einer würzig, süßlich riechenden, schwarzen Flüssigkeit, mit der ich meine Zwiebeln dünge, feinster, gelber Wachs heraus. Wachs ist leichter als Wasser, deshalb bildet es über der schwarzen Masse eine Phase, die beim Abkühlen aushärtet.

Ein weiteres Stoffwechselphänomen der Bienen lässt sich im Spätwinter beobachten. Während der ersten warmen Tage, wenn die Außentemperatur über die 13-Grad-Marke klettert, löst sich die Wintertraube und die Bienen fliegen aus, um ihre Kotblasen zu leeren. Dieses Treiben fällt oft mit dem Heraushängen der Weißwäsche seitens der Nachbarinnen des Imkers zusammen. Aus einem wissenschaftlich noch nicht eindeutig geklärten Grund suchen die Bienen sich häufig diese weißen Flächen als Zielscheibe aus. Die Wäsche wird dann mit rötlich gelben Sprenkeln übersät und muss nochmal gewaschen werden. Auch hier hilft dann ein versöhnliches Glas Honig. Sehr beliebt sind in dieser Hinsicht übrigens auch weiße Hausfassaden.

Gibt es noch ein anderes Kriterium, das die Bezeichnung Einwesen für den Bien rechtfertigen könnte? Die Antwort ist ja. Jeder Bien hat, so wie es sich für ein eigenständiges Individuum gehört, einen ganz eigenen Charakter. Man kann den aggressiven Fleißling genauso treffen wie den sanftmütigen Faulpelz. Man findet Fortpflanzungsfreudige ebenso wie Sexmuffel, Frühaufsteher und Langschläfer. Aus diesen Gründen betreiben ernsthafte Imker die Bienenzucht, das heißt, sie vermehren nur solche Völker, die ihnen zuchtwürdig erscheinen. Die Bienenzucht strebt stets nach demselben Ziel: Gesucht wird der fleißige, sanftmütige Sexmuffel, der viel Honig gibt, wenig sticht und bei der Schwarmkontrolle fest auf der Wabe sitzt. Glücklich der Imker, der ihn gefunden hat!

2
Gedanken über den Ökozid – l'homme c'est nature!

Ich schließe mich denen an, die Jean-Jacques Rousseaus Wahlspruch »Zurück zur Natur!« ernstnehmen. Ich möchte ihn sogar ein wenig weiterdenken. Meiner Überzeugung nach hat der Mensch nämlich gar nicht die Möglichkeit, wie ein verlorener Sohn zur Natur zurückzukehren, weil er sie nie verlassen hat, ja, gar nicht verlassen kann. Leider verharrt die Menschheit in der Illusion, zwischen ihr und der Natur gebe es ein »Wir-und-die-Verhältnis«. Dies ist in meinen Augen nicht nur falsch, sondern vielmehr der Urgrund des Ökozids.

Viele betrachten nun die Natur als ein Ding, das der Mensch »schützen« sollte. Ganz im Sinne des Bürokratismus wurde hierfür in Deutschland das Amt für Naturschutz geschaffen. Warum aber geht es der Natur trotzdem immer schlechter? Warum sterben die Arten aus? Warum verschwinden die Regenwälder? Warum sind die Ozeane voller Plastik, die Äcker voller Gift? Die Antwort ist simpel: Der Mensch will nicht begreifen, dass Naturschutz Selbstschutz bedeutet. Die »Krone der Schöpfung« Mensch sieht sich als ein von der Natur entkoppeltes Wesen, als Herrscher über die Natur. In meinen Augen hat er die Selbstbeherrschung verloren. Wer also mit dem Netz und dem Gewehr, mit Gift und der Axt regiert, der darf sich nicht wundern, wenn er eines Tages über einen Friedhof herrscht. Einen Friedhof, der mit offenem Massengrab nur darauf wartet, am Ende auch den selbstgerechten Regenten zur letzten Ruhe zu betten.

Wer die Natur zerstört, zerstört damit am Ende sich selbst. Wer die Natur schützt, betreibt Selbstschutz. Trotz aller zivilisatorischen Errungenschaften bleibt der Mensch ein Teil der Natur. Egal, ob er in den Hochhausschluchten Tokios oder im schrumpfenden Amazonas-Regenwald lebt: Der Mensch ist Natur!

Lassen wir uns, um diese eigentlich simple Wahrheit zu verinnerlichen, auf ein kleines Gedankenspiel ein, das strikt dem Gesetz der Logik folgt. Kaum jemand, der halbwegs bei Sinnen ist, wird bestreiten, dass Homo sapiens sapiens (einmal »sapiens« ist uns nicht genug!) zur Gattung der Säugetiere gehört. Auf der anderen Seite wandelt wohl nur eine Handvoll Zweibeiner über unseren Planeten, die ihn tatsächlich als das begreift, was er demnach ist: ein Tier. Der Mensch ist ein wundervolles, schrecklich intelligentes, sich ständig in verschiedenen Stadien der Zivilisation vor- und zurückentwickelndes Tier.

Auch in Zusammenhang mit der Imkerei lege ich Wert auf diese Feststellung. In meinen Augen sind Ackerbau und Nutztierhaltung Symbiosen, die das Säugetier Mensch im Lauf seiner Entwicklung eingegangen ist; Symbiosen, die seinen Aufstieg in unserer Welt erst möglich machten und nach wie vor machen. Wir brauchen nicht mehr unbedingt Pflanzenfasern, Leder oder Wolle, um uns zu kleiden. Diese Materialien können durch Produkte der chemischen Industrie (auch wenn ich die als schwitzig empfinde) ersetzt werden. Häuser kann man aus Beton, Stahl und neuerdings sogar Styropor errichten. Das ist zwar im Vergleich zum Wohngefühl, das ein Haus aus Holz bietet, nicht sonderlich angenehm, doch ein Überleben darin ist ohne weiteres möglich. Theoretisch könnten wir demnach heutzutage auf Bäume, Schafe und Baumwolle verzichten, ohne erstmal allzu viel Komfort einbüßen zu müssen. Aber bei aller Zivilisation, aller Technik, aller Religion, Sprache und Kunst und was uns sonst noch von den anderen Tieren unterscheiden mag, werden wir eine Sache immer mit ihnen gemein haben: Wir müssen essen, um leben zu können.

Was essen wir? Die letzten wirklich großen Wildtierpopulationen, die für die Ernährung der Weltbevölkerung eine Rolle spielen, sind die Fische in unseren Ozeanen. Durch rücksichtslose Ausbeutung sind auch diese Bestände heute bereits erschöpft. Also essen wir vor allem die Vertreter der Tier- und Pflanzenarten, mit denen wir in Symbiose leben, beziehungsweise deren Produkte. Einer der Höhepunkte in der Geschichte der Zivilisierung des Säugetiers Mensch war sicherlich der Zeitpunkt, als er sich auf eine Symbiose mit dem Bien einließ.

Nun wird diese Symbiose vom Menschen in Frage gestellt. Gigantische Chemiekonzerne bestimmen, was in der Landwirtschaft geschieht. Der überwiegende Teil der Bauern hat sich zu deren willigen Vollstreckern rekrutieren lassen. Dabei wurde das eigentliche Ziel der Landwirtschaft aus den Augen verloren. Es geht heute nicht mehr primär darum, dass die Menschen etwas zu essen haben. Es geht vielmehr darum, Geld zu verdienen. Unser grundlegendstes Bedürfnis, nämlich die Notwendigkeit, unseren Hunger zu stillen, zu essen, hat Marktkräfte entfesselt, die wieder einzudämmen schwierig werden wird. Banken entscheiden nach Gewinnlage und Zahlungskraft, wer auf diesem Planeten verhungert und wer an Fettleibigkeit zugrunde geht. Die ganze Entwicklung ist so absurd, dass man zu folgendem Schluss kommen kann: In seinem Streben, sich vom Rest der Tierwelt zu unterscheiden, nicht mehr Tier zu sein, geht der Mensch so weit, seine eigenen Lebensgrundlagen zu zerstören. Er will das Unerreichbare, weiß aber im Innersten um die Fruchtlosigkeit seines Strebens. Diesen Widerspruch kann er nicht auflösen. Und so rennt er wie ein trotziges Kind trotz aller Warnungen und wider besseres Wissen immer schneller Richtung Abgrund.

3
Der Mensch und die Biene – Geschichte einer Symbiose

Nach modernen Schätzungen liegt der Beginn der Symbiose zwischen dem Menschen und der Westlichen Honigbiene etwa siebentausend Jahre in der Vergangenheit. Die frühesten Zeugnisse von Hausbienenhaltung wurden in den Dorfkulturen Anatoliens gefunden.

Sie entstand nicht zufällig gemeinsam mit dem Aufkommen des Ackerbaus. Wo der Wald dem Pflug weicht, verschwindet schließlich Biens Wohnraum: hohle Bäume. Gut, er kann auch in Felsnischen seine Waben bauen. Aber die sind selten. Vor siebentausend Jahren waren die Menschen sicherlich noch nicht dem Irrglauben aufgesessen, sie und die Natur seien zwei unterschiedliche Dinge. Sie begriffen rasch, dass, wer den Bien vertreibt, sich nicht nur einer ganzen Reihe von Annehmlichkeiten wie Honig, Wachs, eiweißreichen süßen Maden und so weiter entledigt, sondern auch die Grundlage der gerade begonnenen Pflanzenzucht gefährdet: Ohne bestäubende Insekten findet nur noch Windbestäubung statt.

Der Bien ist nämlich selber ein Spezialist in Sachen Symbiose. Genau wie der Mensch prägt der Bien seine Umwelt in entscheidendem Maße. Doch während beim Menschen diese Prägung eindeutig mit dem Auslöschen von Arten einhergeht, hat Bien die Entstehung von Arten gefördert. Man hat Bienen in Bernsteineinschlüssen gefunden, die fünfzig Millionen Jahre alt sind. So viel

Zeit also hatte Bien, um die Pflanzenwelt von der Sinnhaftigkeit seiner »Serviceleistung« Bestäubung zu überzeugen und sie so gleichzeitig seinen Bedürfnissen anzupassen. Je mehr Pflanzenarten sich im Laufe der Evolution darauf einließen, desto mehr Nektar und Pollen hatte Bien zu essen. Bienen fliegen nämlich nicht etwa vom Gänseblümchen über die Apfelblüte in den Klee. Die einzelnen Tiere fliegen vielmehr auf einer Sammeltour ausschließlich eine Blütentracht an. So wird in Sachen Bestäubung nichts dem Zufall überlassen.

Heutzutage ist ein rundes Drittel der Pflanzen auf unserem Planeten auf Insektenbestäubung angewiesen. Bien wirkte also entscheidend auf die Entwicklungsgeschichte unserer Pflanzenwelt ein. Von den siebzig Nutzpflanzenarten, die für unsere gegenwärtige Ernährung eine Rolle spielen, sind es sogar einundvierzig. Das wichtigste Bestäubungsinsekt ist nun einmal die Honigbiene.

Wie aber schafften es die ersten Ackerbauern, den Wald loszuwerden und gleichzeitig den Bien zu behalten? Ganz einfach: Wenn sie einen Baum umhackten, in dessen Hohlraum ein Bien wohnte, trennten sie diesen Hohlraum vom Rest des Baumes ab

Wanderimkerei in der kroatischen Region Slawonien

und kümmerten sich fortan um ihn und seinen Bewohner. Die Klotzbeute war erfunden. Ihr allgemeiner Gebrauch in Europa hielt sich bis ins Mittelalter.

Die Grundzüge der Mensch-Bien-Symbiose funktionieren so: Bien gibt dem Menschen seine oben bereits beschriebenen Produkte nebst der so wichtigen Bestäubung unserer Kulturpflanzen. Im Gegenzug versorgt der Mensch den Bien mit geeigneten Behausungen, sorgt sich um seine Gesundheit und fährt ihn im Zuge der Wanderimkerei zu immer neuen Futterquellen. Schon die alten Ägypter hatten begriffen, dass sich durch diese Methode die Ernteerträge steigern lassen.

Zeidlerei, Klotzbeuten und Marylin Monroe als Bienenheim

Womit wir wieder bei den Anfängen der Imkerei wären. In der spanischen Cueva de la Araña, in der Nähe Valencias, findet sich die mesolithische Zeichnung einer von Bienen umsummten Honigjägerin, die ein Gefäß in der Hand hält und, an einen hohlen Baum geklammert, ein Honignest ausräubert. Die anderen Zeichnungen zeigen Jäger mit Pfeil und Bogen, die Hirschen und Antilopen nachstellen. Die Honigjägerin ist das früheste Zeugnis der sich abzeichnenden Mensch-Bien-Erfolgsgeschichte.

Im Mittelalter entstand der Beruf des Waldimkers, des Zeidlers. Der Name Seidel stammt daher, immerhin Platz 79, was die Häufigkeit von Familiennamen in Deutschland angeht. Die Zeidler bildeten eine eigene Zunft, der das Tragen von Waffen erlaubt war. In ihrem Fall war das die Armbrust. Mit dieser Waffe lässt sich prima eine an den Bolzen gebundene Kordel über den Ast eines Baumes schießen. Mit der Kordel zog der Zeidler dann ein stabiles Seil über den Ast, an dem er sich emporarbeiten konnte, um zu seinen Klotzbeuten zu gelangen. Diese waren hohle Baumstämme, die mit einem Brett verschlossen und einem Flugloch versehen einfach darauf warteten, von Kundschafterbienen entdeckt zu werden, damit der Herr Bien einziehen möge. Im Prinzip waren es Fallen, denn geerntet wurde rigoros: Nicht nur der Honig war gefragt, auch das Wachs war in der kirchlichen Verwendung als Kerzen immens wichtig.

Heute ist das Zeidlerwesen selten geworden. In den Tiefen des Uralgebirges, in Baschkirien, hat es überlebt. In den Urwäldern Ostpolens, in der Puszcza Augustowska, versuchen Wissenschaftler mit Hilfe baschkirischer Zeidler das Brutraumangebot für wilde Bienenvölker zu verbessern, indem sie nach alter Tradition Klotzbeuten in die Bäume hängen. Auch anderswo in Polen erlebt die Zeidlerei ein Comeback als Touristenattraktion und Hobby für abenteuerlustige junge Leute. Der mit dem Goldenen Bären ausgezeichnete Film »Bal – Honig« des türkischen Regisseurs Semih Kaplanoglu spielt im anatolischen Hinterland. Er beginnt mit folgender Szene: Der zeidelnde Vater des Protagonisten fällt bei seiner Arbeit im Wald von einem Baum und stirbt.

Womit wir bei zwei Grundproblemen des Zeidelns wären. Es ist gefährlich und man braucht dazu Wälder. Das Zeideln ist also eine Art Übergangsform der Honiggewinnung zwischen der Jagd nach Wildhonig und der eigentlichen Imkerei. Im Laufe der Zeit besann der Mensch sich auf andere Gefäße, in denen die Bienenhaltung möglich ist: Die Imkerei wurde geboren. In baumlosen, trockenen Gegenden benutzten wohl bereits die Menschen der Jungsteinzeit vor fünftausend Jahren Tongefäße zur Bienenhaltung. Die alten Ägypter fertigten Röhrenstöcke aus Nilschlamm, die sie an der Luft trocknen ließen und zu ganzen Mauern aufeinanderstapelten. Diese Tonröhren finden sich bereits auf einem Relief aus der fünften Dynastie, vor etwa viertausendfünfhundert Jahren. Ihr Aussehen und ihre Bewirtschaftung haben sich bis in die Gegenwart erhalten. Im Jemen beispielsweise werden sie heute noch auf Kamelrücken den Blütentrachten hinterhergetragen.

Die Griechen imkern seit Urzeiten mit Körben aus geflochtenem Stroh. Kein Geringerer als Aristoteles sammelte um 344 vor unserer Zeit seine Erkenntnisse über die Bienenhaltung in seiner *Naturgeschichte*. Gut zweihundertfünfzig Jahre vor ihm schon schuf Solon die ersten Gesetze zur Imkerei. So musste etwa ein neu aufgestellter Bienenstand einen Mindestabstand von dreihundert Metern zu einem bereits bestehenden einhalten.

Auch in unseren Breiten benutzte man Bienenkörbe aus Stroh oder mit Lehm verschmierte Weidenruten, die man Rutenstülper nennt. Sie brauchten zusätzlich ein Dach, das sie gegen den Regen schützt. In Deutschland hat die Korbimkerei in der Lüneburger Heide bis heute überdauert. Vom Mittelalter bis in die Neuzeit stellte die Heideimkerei einen bedeutenden Wirtschaftszweig dar. Für sie eignete sich besonders die schwarmfreudige, heimische Rasse *Mellifera mellifera*. Im Frühjahr ließ man sie sich in Scharen vermehren und setzte die Schwärme in die Korbbeuten ein. Die Heide blüht spät, im August. Wenn diese Tracht eingeholt war, tötete man den Großteil der Völker durch Abschwefeln oder verkaufte sie als offenen Schwarm ohne Behausung auf den Märkten. Überwintern ließ man nur einen kleinen Teil der Bienen. So sparte man die Winterfütterung bei gleichzeitiger Ertragsoptimierung. Die Menschen verfuhren demnach mit ihren Bienen wie mit dem restlichen Vieh, das auch im Herbst geschlachtet wurde, damit es im Winter zu essen gab und man in der nahrungsarmen Zeit nicht füttern musste.

Dem Korbimker, dem es zu grausam war, seine Tiere durch Abbrennen von Schwefel zu vergasen, stand die Möglichkeit offen, mehrere Völker durch »Abtrommeln« für die Überwinterung zu vereinigen. Man stellt dafür einfach einen Korb mit der Öffnung nach unten auf einen umgestülpten zweiten Korb und trommelt

Antike Figurenbeute und Korbbeuten als Ausstellung im Garten eines österreichischen Imkers.

so lange darauf herum, bis alle Bienen des oberen Korbes in den unteren gekrabbelt sind.

Im kriegerischen Mittelalter stellten die Menschen ihre Bienenstände übrigens gerne auf Burg- oder Stadtmauern. Sollten Feinde versuchen, die Mauern zu stürmen, konnte man ihnen diese auf den Kopf werfen und dabei sicher sein, in Herrn Bien einen sozusagen stichhaltigen Verbündeten zu haben. Bien funktioniert also auch als Biowaffe.

Klotzbeuten behielten als Alternative zu den Bienenkörben auch abseits der Zeidlerei ihre Bedeutung. Man höhlte Baumstämme aus, ließ nur wenige Zentimeter der Außenwand stehen und steckte mehrere Stöcke hinein, zum Festmachen der Waben. Diese Klotzbeuten konnten wahlweise waagerecht oder senkrecht aufgestellt werden. Ab dem 17. Jahrhundert kamen die Figurenbeuten in Mode. Diese sind mit reichen Schnitzereien verzierte, kunstvoll bemalte Klotzbeuten, oft in der Form von Statuen. Manche stellen Heilige wie Ambrosius, den Schutzpatron der Imker dar, andere Bären und wieder andere »lasterhafte Weibsbilder« wie die Eva aus dem Alten Testament. Das Einflugloch liegt gerne im Genitalbereich, was den Bezug zur Fruchtbarkeit des Biens herstellen soll und außerdem witzig aussieht. Ein besonders herrliches Exemplar dieser Gattung schuf die Holzbildhauerin Birgit Maria Jönsson aus Nürnberg. Es stellt Marilyn Monroe in ihrer berühmtesten Pose dar: mit gelüftetem Rock. Die Wächterbienen auf dem hölzernen Venushügel erinnern unweigerlich an die Schambehaarung der amerikanischen Sexbombe.

Dies führt uns zum Bannkorb. Auf diesen Bienenkorb ist eine Dämonenfratze aufgearbeitet, die als stummer Wächter den im Halbdunkel sich anschleichenden Honigdieb erschrecken sollte. Auch diese alte Tradition wird von Liebhabern wiederbelebt. Eine schöne Anekdote handelt von einem besonders schlauen Bienenhalter, der seinen Bannkorb mit der Fratze seiner Nachbarin versah. Diese zerrte ihn vor Gericht und bekam Recht und Schadensersatz zugesprochen. Es war dies einer der seltenen Fälle, dass ein deutsches Gericht im Nachbarschaftsstreit gegen den Bienenhalter entschied; ein Beispiel für die Humorlosigkeit der deutschen Rechtsprechung. Ansonsten hat der Gesetzgeber die Bienenhalter wegen ihres großen Nutzens für die Allgemeinheit mit einigen Privilegien ausgestattet. So braucht etwa ein Imker mit weniger als dreißig Völkern seinen Gewinn aus der Imkerei nicht zu versteuern. Bis siebzig Völker zahlt er pauschal 1 000 Euro.

In den Mittelmeergebieten sind seit Urzeiten Beuten aus der Rinde der Korkeiche beliebt. In den Bergen Asturiens und Kantabriens trifft man auf die sogenannten *cortines de piedra*. Einige stammen wohl noch aus der Bronzezeit, als die Kelten dieser Regionen in steinernen Rundhüttendörfern lebten, den *castros*. Von ihrer Form her erinnern sie an die irischen *round forts*. Es sind

»Cortines de piedra« mit Korkbeuten

kreisrunde steinerne Gebilde, die einzig zu dem Zweck errichtet wurden, Bären, die auch heute noch dort vorkommen, von den Bienenstöcken fernzuhalten. Seit der Bronzezeit in Betrieb, sind viele dieser *cortines de piedra* heute aufgrund des Bienensterbens, das auch vor diesen einsamen Gegenden nicht Halt macht, verweist. Die Folgen sind wie überall gravierend. Ohne die Bienen werden unter anderem die Blaubeeren nicht mehr bestäubt, was dazu führt, dass dort die letzten Auerhühner verhungern, da sie auf die Beeren als Nahrung angewiesen sind.

Bei einer Reise in diese Region hatte ich Gelegenheit, den Honig aus der Korkbeute zu probieren. Für diese Beuten wird ein rechteckiges Stück Rinde der Korkeiche walzenförmig zusammengerollt und verdrahtet oder mit Zistrosenholz verbunden. Als Deckel und als Boden dienen flache Steine. Man bestückt sie einfach mit einer Lockwabe und wartet, dass der Schwarm von selber einzieht. Der Honig daraus schmeckt sehr würzig und lecker, was nicht nur an den vielen Wildkräutern liegt, welche die Bienen dort anfliegen.

Korkbeuten in der spanischen Region Asturien

Vielmehr zeichnet er sich auch durch einen ausgesprochen hohen Wachsgehalt aus. Das liegt daran, dass in der traditionellen Imkerei der Honig dort nicht geschleudert wird. Die herausgeschnittenen Waben werden vielmehr in einem Sack im Wasserbad erhitzt und danach mit Hilfe von Keilen ausgequetscht. Dabei vermischt sich der Honig mit dem Wachs und ist also nicht »kaltgeschleudert«. Ich empfand den Wachsanteil nicht als störend.

Imkerlatein

So wie Jäger, Fischer und Handwerker haben auch Imker eine mit speziellen Begriffen gespickte Fachsprache entwickelt, die für Außenstehende häufig unverständlich ist. Wer versteht schon den Zimmermann, wenn er von der »Fußpfette« redet? Wer außer dem Angler weiß, wie der »Blutknoten« geknüpft wird? Was, bitte, meint der Waidmann mit dem »Gewaff«? Aus der Unkenntnis die-

ser Spezialbegriffe heraus, bildeten sich die Bezeichnungen Jäger-
oder Anglerlatein. Imker unterhalten sich über »Umweiseln«, »Bu-
ckelbrut« und »Kunstschwärme«. Geht es um die Behausung des
Biens, spricht der Bienenkundige bei den althergebrachten Formen der Imkerei vom »Stabilbau«, weil hier die Waben fest in der
Beute verankert hängen und herausgeschnitten werden müssen.
Im Gegensatz hierzu steht das bereits erwähnte, moderne Kistensystem mit Magazinbeuten, der sogenannte »Mobilbau«. Hier
baut der Bien seine Waben in Rähmchen hinein. Diese kann der
Imker herausholen und wieder in den Stock hängen, wie es ihm
beliebt. Die Erfindung des Mobilbaus war die entscheidende Mo-
dernisierung in der Bienenhaltung.

Zwischen den Rähmchen verlaufen die Wabengassen.

Auf dem Weg dahin gab es, wie so oft, eine Zwischenentwicklung:
den Krainer Bauernstock. Er entstammt dem Zeitalter des aufge-
klärten Absolutismus. Maria Theresia von Österreich (1717 bis
1780) hatte seinerzeit verschiedene Verwendungen für die jungen
Männer ihres Herrschaftsbereiches. Die einen drehte sie zu Tau-

senden als Kanonenfutter durch den Fleischwolf der schlesischen Schlachtfelder. Den anderen ermöglichte sie das Studium der schönen Künste. Der aus Slowenien stammende Anton Janscha (1734 bis 1773) hatte Glück und gehörte zur zweiten Kategorie.

Von ihm ist bekannt, dass er sich schon früh für die Imkerei begeisterte und bereits als Kind seinem Vater bei der Bienenhaltung zur Hand ging. Wahrscheinlich war er eines jener glücklichen Kinder, die im Gras liegend die Bienenkörbe bewachten und beim ersten Anzeichen des Schwärmens Alarm schlugen. Dabei scheint er ausgiebig Zeit zum Nachdenken gehabt zu haben. Eine seiner Erfindungen ist der Schwarmfängerstock, eine mit einem Netz versehene Vorrichtung aus vier Stäben. Bevor der Schwarm nämlich in einen nahen Baum oder Busch fliegt, sammelt er sich erst einmal unmittelbar vor dem Stock, am liebsten auf einem kurzen Pfahl. Stellt man nun statt des Pfahls den Schwarmfängerstock auf, hat man ihn flugs wieder eingefangen. Janschas größte Erfindung aber war mit besagtem Krainer Bauernstock, auch Bienenkiste genannt, die erste Zargenbetriebsweise. Sein Talent lag jedoch nicht nur bei der Imkerei. Gemeinsam mit seinen Brüdern absolvierte er an der k. k. Akademie der bildenden Künste in Wien eine dreijährige Ausbildung zum Kupferstecher. Diese Fähigkeit kam ihm später bei der Illustrierung seiner Monographien über die Bienenhaltung zugute. Zu seinen Werken zählen *Die vollständige Lehre von der Bienenzucht* und die *Abhandlung vom Schwärmen der Bienen*.

Im Jahre 1769 ordnete Maria Theresia die Errichtung einer Bienenschule an. Sie erhielt den Namen »Theresianische Imkerschule« und wurde in den Wiener Augarten verlegt. Dort beschäftigte sie Anton Janscha als Leiter und Dozent. Außerdem ernannte sie ihn zum Hofimkermeister.

Seine Bienenkiste funktionierte noch im Stabilbau. Ihre Vorteile bestanden darin, dass man sie leicht stapeln und transportieren konnte. Ihren Innenraum konnte man mit Hilfe eines kleinen Brettchens je nach Bedarf verengen oder erweitern. Der Honig war immer im hinteren Teil der Kiste untergebracht – Bien ist nämlich schlau und lagert sein kostbarstes Gut immer so weit weg vom Flugloch wie möglich. Im Sommer zog man hinten das Brettchen heraus, um Platz für den Honigraum zu schaffen, und im Winter setzte man es wieder ein, damit der Bien nicht unnötig viel heizen musste. Das Heizmaterial ist nun mal der Honig, den die Tiere »verbrennen«, wenn sie mit den Flügeln schwirren. Die Stirnseiten der Kisten waren zu Anton Janschas Zeiten bunt mit Bauernmalerei verziert. Sie wurden von unten bearbeitet, man musste sie also umdrehen, um sie zu öffnen.

Im slowenischen Bresnica findet man heute eine liebevolle Rekonstruktion seines Bienenhauses, in dem insgesamt zweiundsiebzig dieser Kisten übereinandergestapelt Platz finden. Die Bienenkiste selber aber erlebt gerade unter Jungimkern ein ungeahntes Comeback. Die auf Ertrag ausgerichtete Imkerei mit den Magazinbeuten ist vielen zu aufwendig. Sie haben weder Zeit noch Lust, die Imkerei als Nebenerwerb zu betreiben, wollen ihre Samstage nicht auf irgendwelchen Wochenmärkten verplempern und scheuen außerdem die Investitionen. Man braucht nämlich neben den nicht ganz billigen Kisten noch allerhand andere Ausrüstung, unter anderem eine Honigschleuder und am besten mehrere Hobbocks. So heißen die mit Deckel versehenen Kübel zur Honigaufbewahrung. Beides sollte aus lebensmittelechtem, teurem Edelstahl gefertigt sein und kostet entsprechend.

Diese Jungimker wissen um die aktuelle Not des Biens. Für viele von ihnen ist das Bienensterben auch der Antrieb für die Imkerei. Sie lassen den Bien also so artgerecht wie möglich seine natürlichen Waben bauen, lassen ihn im Winter den eigenen Honig verzehren, verzichten auf die Zufütterung mit Zuckerwasser und behandeln ihn nur einmal jährlich mit Oxalsäure gegen die Varroamilbe, jenen eingeschleppten Bienenparasiten, der heutzutage neben den Pestiziden in der Landwirtschaft die größte Bedrohung der Imkerei darstellt (mehr dazu in Kapitel 11). Wenn dann ein wenig Honig für sie selber und ihre Freunde abfällt, umso besser. Ein weiteres Plus der Imkerei mit der Bienenkiste gegenüber der Magazinbeute: Man braucht dafür weniger Wissen und Erfahrung. Oxalsäure kommt übrigens natürlich in Rhabarber vor und verursacht das bekannte Gefühl stumpfer Zähne.

Nichtsdestotrotz stammt der überwältigende Teil der heutigen Honigproduktion aus eben jenen Magazinbeuten. Es gibt sie in verschiedenen Größen und Abmessungen, die sich nach der Größe der Rähmchen richten. Schön standardisiert hat jedes Rähmchenmaß seinen eigenen Namen: »Zander«, »Deutsch Normal« oder »Dadant«. Das international am weitesten verbreitete ist das »Langstrothmaß«. Mit Ausnahme von »Deutsch Normal« sind die Rähmchenmaße nach ihren Erfindern benannt. Ich selber imkere auf »Deutsch Normal«. Ich finde es quadratisch, praktisch, gut.

Als Erfinder des Mobilbaus gilt ein Mann aus Bayern mit dem klangvollen Namen August Sittich Eugen Heinrich Baron von Berlepsch (1815 bis 1877). Er war studierter Jurist, Philosoph und Theologe und imkerte auf dem elterlichen Gut noch mit einhundert Strohkörben, bis ihm die Idee mit den Rähmchen kam. Die neuartige Betriebsweise erforschte er mit dreistöckigen Versuchsbeuten, deren Wände er aus Glas konstruierte, um die Bienen beobachten zu können. Die Ergebnisse seiner Forschungen veröffentlichte er in zahlreichen Schriften. Die wichtigste Monografie trägt den Titel *Die Biene und ihre Zucht mit beweglichen Waben*. Außerdem verfasste er die *Apistischen Briefe*, in denen er die Beobachtung eines anderen Bienenkundigen der damaligen Zeit verteidigte: Johannes Dzierzon (1811 bis 1906), ein Pfarrer aus Schlesien. Der hatte die Parthenogenese entdeckt, die Entwicklung der männlichen Biene, des Drohns, aus einem unbefruchteten Ei.

Diese von ihm beobachtete Jungfernzeugung galt der damaligen Kirche als Gotteslästerung, war sie doch der Jungfrau Maria vorbehalten. Der Kampf zwischen Dogma und Wissenschaft währte zehn Jahre, bis er durch Mikroskopie für die Naturkundler entschieden wurde.

Die Umsetzung des Mobilbaus zur bis heute gebräuchlichen Arbeitsweise blieb einem cleveren Amerikaner vorbehalten: Lorenzo Langstroth (1810 bis 1895). Wie Dzierzon war auch er ein Pfarrer. Die Männer dieses Berufsstandes hatten in der damaligen Epoche anscheinend die nötige Muße, die man braucht, um geniale Ideen entwickeln zu können beziehungsweise intelligente Beobachtungen anzustellen. Neben der Entwicklung einer eigenen Magazinbeute, die er 1853 der Öffentlichkeit vorstellte, entdeckte Lorenzo Langstroth den sogenannten *bee space*. Dies ist ein Abstand von sechs bis zehn Millimetern, den die Rähmchen von der Beutewand entfernt sein müssen, denn genau bei dieser Distanz wird der Abstand von den Bienen nicht mit Wachs oder Propolis zugebaut, was die Arbeit an der Bienenbeute erheblich erleichtert.

Pfarrerskollege Johannes Dzierzon indes hatte wirklich eine Menge Muße, sich um seine Bienen Gedanken zu machen. Er war nämlich generell aufmüpfig und stritt nicht nur der Heiligen Jungfrau das Monopol auf die unbefruchtete Geburt ab, sondern engagierte sich auch in einer Bewegung, die am Dogma der Unfehlbarkeit des Papstes zweifelte. Dies brachte ihm dreißig lange Jahre des Berufsverbots ein, in denen er sein Amt nicht ausüben durfte. Die erzwungene Freizeit vertrieb er sich mit unserem Herrn Bien. Er hielt bis zu fünfhundert Bienenvölker, die er zuerst in Klotzbeuten und anschließend in Christ'schen Magazinbeuten unterbrachte. Diese hießen nach Johann Ludwig Christ (1739 bis 1813), von Beruf – Pfarrer. Der kannte bereits das Prinzip der aus Stroh geflochtenen Magazine, die man übereinanderstapeln konnte, und baute sie aus Holz nach. Er war unter anderem Autor eines Werkes mit dem schönen Titel *Anweisung zur nützlichsten und angenehmsten Bienenzucht für alle Gegenden.*

Dzierzon gefiel das Imkern mit der Christ'schen Magazinbeute auf Dauer nicht wirklich. Daher entwickelte er letztendlich eine eigene Betriebsweise, die sich in Deutschland fast das ganze 20. Jahrhundert lang größter Beliebtheit erfreute, heute aber fast nur noch von den Methusalems unter unseren Imkern betrieben wird: die Hinterbehandlungsbeute. Diese kommt im Bienenhaus zum Einsatz und funktioniert ebenfalls im Mobilbau. Teilweise sitzen die Waben auf einem Schlitten, der nach hinten aus der Beute herausgezogen werden kann. Das Bienenhaus wird normalerweise aus Holz errichtet, da Holz die Außentemperatur besser an die Bienenvölker weitergibt als Stein und sie so im Frühjahr schneller merken, wenn es warm genug zum Fliegen wird. Im Bienenhaus kann der Imker bei jedem Wetter arbeiten, seine Geräte, das Bienenfutter und manchmal auch den Honig lagern. Oft verfügt es sogar über einen kleinen Schleuderraum. Außerdem ermöglicht es die Unterbringung großer Mengen an Bienenvölkern. Man kann auch Räder unter das Bienenhaus montieren und erhält damit den sogenannten Wanderwagen. Dzierzon jedenfalls teilte seine Erkenntnisse und seine Königinnen gerne mit seinen Mitmenschen. Er war in seiner Zeit führend in der Weiselzucht und versandte Jahr für Jahr hunderte davon quer durch Europa. Seine Bienenstände waren Lehrstände, die allen Wissbegierigen zur Besichtigung offen standen. 1872 wurde er Ehrendoktor an der philosophischen Fakultät der Universität München, sein Hauptwerk trägt den Titel *Theorie und Praxis des neuen Bienenfreundes.*

Langstroths und Dzierzons Zeitgenosse Charles Dadant (1817 bis 1902) stammte aus dem französischen Department Haute-Marne. Im Alter von sechsundvierzig Jahren emigrierte er in die USA, ohne ein Wort Englisch sprechen zu können. Nachdem er eine Farm erworben hatte, versuchte er sich zuerst als Winzer. Da dies nicht den

Mit Bauernmalerei kunstvoll verziertes Bienenhaus in Slowenien

erwünschten Erfolg zeitigte, wandte er sich der Bienenhaltung zu, einem Hobby, dem er sich seit seiner Kindheit gewidmet hatte.

Er eignete sich die englische Sprache durch die Lektüre des *New York Tribune* an, und bald schon zog er mit seinem Sohn Camille die Ufer des Mississippi entlang und verkaufte Honig und Bienenwachskerzen. Mehrfach reiste er zwischen Frankreich und den USA hin und her. Bei einer dieser Gelegenheiten gelang es ihm, zweihundertfünfzig Königinnen mit einer eigens entwickelten Methode unversehrt über den Atlantik zu bringen. Er war zwar nicht der Erste, dem dies gelang, doch wirft diese Episode ein Licht auf folgenden Fakt: Die Honigbiene ist, genau wie das Pferd, in den beiden Amerikas keine heimische Tierart und wurde erst vom weißen Mann dorthin gebracht.

Während der Frankreichaufenthalte verdiente er Geld als reisender Handelsvertreter. Die *New York Tribune* studierte er auf

dem Rücken seines Pferdes. Diese Lernmethode scheint gut geklappt zu haben: Bald schon befasste er sich intensiv mit den Er-
kenntnissen Langstroths, setzte sie in die Tat um und übersetzte
dessen Buch *The hive and the honey-bee* ins Französische. Gleichzeitig befasste er sich mit den Schriften von Karl Marx. Dies hatte
zur Folge, dass er trotz seiner Sympathie für imkernde Pfaffen der
katholischen Kirche abschwor und zum Sozialisten wurde.

Später eröffnete er eines der ersten Fachgeschäfte für den Imke-
reibedarf und erwarb das *American Bee Journal*. Sowohl Fachzeitschrift als auch Fachgeschäft existieren bis heute und befinden sich
immer noch in den Händen von Dadants Nachkommen. Er entwickelte außerdem sein eigenes Rähmchenmaß. Die Besonderheit
bei diesem liegt darin, dass die Rähmchen im Brutraum größer
sind als die im Honigraum darüber. Man kann sie also nicht beliebig austauschen. Ich finde dies ein wenig unpraktisch, lasse ich
doch gerne im Sinne der Wabenhygiene meine Brutwaben via Honigraum in den Schmelztopf wandern. Der Qualität des Honigs
tut dies keinen Abbruch. Beim Dadant-Maß werden alte Brutwaben erst in die wenig bebrüteten Ränder des Brutraumes gesteckt.
Man wartet, bis sie einigermaßen frei von Brut sind, bevor man sie
durch frische ersetzen kann. Auf der anderen Seite kommt das
Dadant-Maß der Natur der Biene entgegen: Sie mag den großzügigen Brutraum.

Zu einem Rähmchen gehört immer auch die sogenannte Mittelwand. Johannes Mehring, der erste Mann, der den Bien als Einwesen betrachtete, erfand sie 1858. Sie besteht aus Bienenwachs,
ist circa zwei Millimeter dünn und hat das Wabenmuster vorge-
prägt. Die Bienen brauchen mit ihrem eigenen Wachs dort nur
noch anzudocken. Das bietet den Vorteil, dass die Waben schneller
und gleichmäßiger ausgebaut werden, und es erleichtert das
Schleudern der Waben. Zur Herstellung der Mittelwände schuf
Mehring eine Gussform aus Hartholz, in die er von Hand das Wa-

Die Arbeitsmaterialien des heutigen Imkers: Smoker, Stockmeißel, Imkerbesen und Rähmchen

benmuster der Arbeiterbienen stach. Heutzutage lässt man flüssiges Wachs durch zwei sich synchron drehende, das Wabenmuster vorgebende Walzen laufen. Das Wachs erstarrt in diesem Prozess zu einem langen Band, aus dem die fertigen Mittelwände dann auf das jeweilige Rähmchenmaß zugeschnitten werden können.

In den Rähmchen läuft ein feiner Draht, an dem die Mittelwand befestigt wird. Man setzt den Draht mit einem Trafo unter Strom, woraufhin er sich erhitzt, und legt die Mittelwand darauf, sodass sie sich einschmilzt. Sobald der Draht tief genug sitzt, kappt man die Stromverbindung und die Wand sitzt fest. Man nennt diese Prozedur »einlöten«.

Ein weiterer großer Vorteil der Mittelwände besteht darin, dass so die Drohnen- von der Arbeiterinnenbrut getrennt werden kann. Drohnenwaben haben einen größeren Querschnitt als Arbeiterinnenwaben. Ohne Mittelwand bauen die Bienen beide Zellgrößen in dieselbe Wabe. Mit Mittelwänden taugt das vorgegebene Zell-

Baurahmen mit Drohnenbrut

maß nur für die Arbeiterinnenbrut und für das Einlagern von Honig und Pollen. Gibt man jedoch zusätzlich ein leeres Rähmchen ohne Mittelwand in den Bienenstock, so wird dieses zum sogenannten Baurahmen, den die Bienen dann komplett mit Drohnenwaben bebauen.

Nun legen Varroamilben ihre Brut bevorzugt in die Drohnenzellen, wo die Milbenlarven sich an der sich entwickelnden Brut festsaugen und diese schwächen. Um den Milbendruck im Stock zu mildern, kann der Imker also den Baurahmen mitsamt den fast entwickelten Larven herausnehmen und einschmelzen. Diese Methode ist zwar recht kaltblütig, dafür aber vollkommen bio. Was die massenhafte Drohnenentnahme mit dem Genpool Biens wiederum auf lange Sicht anstellt, ist eine sicherlich interessante, aber von der Wissenschaft bislang noch nicht geklärte Frage. Eins jedoch ist sicher: Die Hühnerschar meiner Mutter ist ganz scharf auf die leckeren, abgekochten Drohnenlarven. Ich füttere sie ihnen, nachdem ich sie aus dem flüssigen Wachs herausgesiebt habe.

Dieses Wachs hebe ich getrennt auf. Es ist von einem hellen Weiß, also *cera blanca*. Ich benutze es, um Kosmetik herzustellen. In Olivenöl erhitzt, mit ein paar Tropfen ätherischem Lavendel- oder Orangenöl versehen, ergibt es eine hervorragende Hautcreme, die in meinem Familien- und Bekanntenkreis schon wahre Wunder gewirkt hat, beispielsweise bei Neurodermitis. Ich selbst creme mein Gesicht mit ihr nach jeder Rasur ein und leide seitdem nicht mehr unter Rasurbrand. Meine Frau und meine Tochter nehmen sie zum Abschminken.

Das andere, übrigens gelbe Wachs, das ich aus den alt gewordenen Brutwaben schmelze, fahre ich einmal im Jahr zum Imkereifachgeschäft. Dort erhalte für ein Kilo Wachs 6 Euro. Tausche ich ein Kilo Wachs gegen ein Kilo Mittelwand, so zahle ich 4,50 Euro Umarbeitungsgebühr drauf. Da diese Mittelwände aus dem Wachs anderer Imker hergestellt werden, also im Gegensatz zu meinem Baurahmenwachs nicht aus eigener Produktion stammen, traue ich ihm nicht zu hundert Prozent. Es gibt nämlich Imker, die den Milben mit Arachniziden zu Leibe rücken. Unter diesen Zeitgenossen finden sich nicht wenige, die dabei auf den Bayer-Konzern mit seinem Produkt Bayvarol setzen. Die Milben werden so mithilfe des synthetischen Nervengifts Flumethrin vernichtet, das im Verdacht steht, Rückstände im Wachs zu hinterlassen. Wenn ich mich schon schwer gegen Nervengiftrückstände in meinem Honig wehren kann – für einen eigenen Wachskreislauf bräuchte ich eine eigene Mittelwandwalze, die nicht ganz billig ist –, so möchte ich wenigstens Flumethrin in meiner Hautcreme vermeiden.

Über ein Jahrhundert lang veränderte sich bei der Imkerei mit der Magazinbeute relativ wenig. Es gab allerdings einige Innovationen in der Betriebsweise, wie beispielsweise das Königinnenabsperrgitter, dessen Abmessungen zwar die Arbeiterinnen, nicht jedoch die Königin durchlassen. Man steckt es zwischen den Brut- und den Honigraum. So wird gewährleistet, dass der Honigraum frei von Brut bleibt. In neuerer Zeit ist Bewegung in die Erfindung neuer Systeme zur Bienenhaltung gekommen. Auf den »Flow Hive« und den »Kenyan Top Bar Hive« werde ich später genauer eingehen. An dieser Stelle will ich der topmodernen »HOBOSphere Bienenkugel« ein wenig Aufmerksamkeit widmen. Sie wurde von dem Tischler Andreas Heidinger in Zusammenarbeit mit Professor Dr. Jürgen Tautz entwickelt und sieht von außen aus wie eine normale Kiste. In ihrem Innern verbirgt sich jedoch ein runder Hohlraum, der dem natürlichen Zuhause des Biens, der Baumhöhle, nachempfunden ist.

Heidinger war aufgefallen, dass die Bienen ihre Waben ungern in Ecken bauen. Zusätzlich kommt es in herkömmlichen Bienenbehausungen im Winter oft zu Kältebrücken an den Kistenwänden, was Feuchtigkeit und Schimmel zur Folge hat. Dieses Phänomen beobachte ich auch bei meiner Imkerei. Die »Bienenkugel« leistet bessere Isolierung, die Insekten verbrauchen im Winter weniger Futter und kommen besser mit der Varroa zurecht. Die passenden Rähmchen sind natürlich auch rund, damit sie in die Bienenkugel passen – die in Wahrheit keine Kugel ist, sondern die Form einer Ellipse hat. Sie dient nur als Brutraum und zum Überwintern. Bei Trachtbeginn kann als Honigraum jede beliebige Zarge aufgesetzt werden – egal ob »Zander«-, »Dadant«- oder »Deutsch Normal«-Maß.

Der Name HOBOSphere bezieht sich auf das Projekt HOBOS (Honey Bee Online Studies; www.hobos.de). Dort wird unter Federführung von Professor Tautz von der Universität Würzburg im Internet geforscht, gelernt und gelehrt. Eine Vielzahl von Videos, Publikationen und Livestreams bringen dem Online-Publikum die Welt der Bienen näher. Wer will, kann sich an verschiedenen Standorten die Aktivitäten der Bienen am Stockausgang oder in der Wabengasse online ansehen, ohne die geringste Gefahr zu laufen, einen Stich abzubekommen. Unterstützt wird HOBOS unter anderem von den Schwartauer Werken mit ihrer Initiative *bee careful*.

Bienenzucht:
von Begattungsrüsseln und Killerbienen

Doch kehren wir zurück zu den Pionieren der heute üblichen Bienenhaltung. Zur Komplettierung der Grundvoraussetzungen einer modernen Imkerei fehlte nach der Mittelwand nur noch die Erfindung der Honigschleuder. Sie gelang im Jahre 1865 dem italienischen Major Francesco De Hruschka (1813 bis1888) in Venedig. Mit diesen neuartigen Ausrüstungsgegenständen versehen, konnte die planmäßige Königinnen- oder Weiselzucht beginnen. Pionier in dieser Disziplin war der schwäbische Uhrmacher Wilhelm Wankler (1855 bis 1929). Es brauchte schließlich einen Feinmechaniker, um Umlarvgeräte und das Rüssellängenmessgerät zu ersinnen. Letzteres dient dem Zuchtkriterium der sogenannten Reichtiefe. Je länger nämlich der Rüssel ist, desto mehr Nektar kann die Arbeiterin aus dem Rotklee saugen. Der Umlarvlöffel wiederum ist ein Instrument, das ich selber einmal bedienen durfte.

Der bereits erwähnte Institutsimkermeister Dete Papendieck hatte einem Volk, das er für zuchtwürdig befunden hatte, eine Wabe mit frischer Brut entnommen. Mit besagtem Umlarvlöffel konnte ich nun aus dem Inneren einer Zelle eine der winzigen, erst einen Tag alten Larven herausfischen und in einen Weiselnapf fügen. Der Weiselnapf, auch eine Erfindung von Wilhelm Wankler, ist ein Näpfchen, das wahlweise mit einem Formholz aus Bienenwachs geformt wird oder aus Kunststoff besteht. Die Weiselnäpfe haben einen Durchmesser von neun Millimetern und werden mit Wachs an einen Zuchtrahmen angelötet. Jeder Student durfte mal ran, und am Ende der Prozedur hingen zwanzig dieser künstlichen Königinnenzellen an den zwei Leisten dieses Zuchtrahmens und wurden von Papendieck einem Pflegevolk übergeben. Dieses Pflegevolk bestand aus schwarmfreudigen Wald- und Wiesenbienen, die sich sofort aufopferungsvoll daran begaben, die Larven mit Gelée royale zu versorgen, dem Königinnenfuttersaft.

Kurz nach dem Schlüpfen wurden die Königinnen in ein sogenanntes Begattungskästchen gegeben. Als Zofen wurden fünfzig bis sechzig Gramm Begleitbienen dazu gefegt (zum Vergleich: Ein ausgewachsener Schwarm kann bis zu vier Kilogramm wiegen!), um die junge Herrscherin zu versorgen. Das kann sie nämlich nicht selbst, ihr ganzer Lebensinhalt besteht in der Fortpflanzung. Außerdem bekamen die Insekten ein wenig Futter und einen Streifen Mittelwand, damit sie etwas zum Bauen hatten. Die fertig präparierten Begattungskästchen verteilte Papendieck dann in dem Garten rund um das Imkerhaus. Wer aber nun aus dem Namen dieser possierlichen Minibehausungen schließt, dass anschließend aus allen Richtungen die Drohnen herbeigesumst kommen und in den Liebesnestern eine wild orgiastische Rammelei beginnt, der irrt. Nach drei bis fünf Tagen unternimmt die unbegattete Königin ihren ersten Orientierungsflug. Dem folgen ab einer Wohlfühltemperatur von 20 Grad Celsius dann die Begattungsflüge.

Königinnen und Drohnen treffen sich an immer denselben Drohnensammelplätzen. Diese liegen stets an landschaftlich auffälligen Markierungspunkten. In der ausgeräumten Feldflur mag dies ein Baum oder ein Gebäude sein, im Wald eine Lichtung. Dort können bis zu zehntausend Tiere auf einmal unterwegs sein. In England existiert ein Drohnensammelplatz, der seit zweihundert Jahren bekannt ist. Wie die Drohnen und die Königinnen die Sammelplätze finden, ist der Wissenschaft ein ungelöstes Rätsel. Es gibt Tiere, die bis zu acht Kilometer fliegen, um zu ihnen zu gelangen.

Drohnen sind wesentlich größer als Arbeiterinnen. Sie wiegen knapp dreihundert Milligramm, während es eine Arbeiterin nur auf etwa einhundertzwanzig Milligramm bringt. An kalten Tagen betätigen sich die Drohnen als lebendige Heizkörper und helfen, die Temperatur der Brut stabil zu halten. Einmal geschlüpft, werden sie noch einige Tage lang von den Arbeiterinnen gefüttert, ehe sie sich selbsttätig am Honig bedienen. Es gibt unter den Arbeiterinnen Spezialistinnen, die sich um die Brüderpflege kümmern – bemerken sie schwächliche Drohnen mit einem geringen Brustumfang päppeln sie diese gezielt auf, damit sie im Rennen um die Königin eine Chance haben.

Fliegt diese nun für den Begattungsflug an einen Drohnensammelplatz, folgt ihr ein ganzer »Kometenschweif« von männlichen Tieren. Nur die fittesten und schnellsten schaffen die Begattung. Sie findet in Höhen von zehn bis fünfzig Metern statt. Drohnen haben anstelle des Stachels einen Begattungsschlauch. Dieser bricht nach erfolgreicher Begattung ab, was das Todesurteil für die kleinen Racker bedeutet. Ist einer abgetreten, muss der nächste erst einmal mit den Mundwerkzeugen dessen Begattungsschlauch aus der Scheidenöffnung entfernen, bevor er selber ran darf. Der Vorgang wiederholt sich, wie gesagt, bis zu zwölf Mal. Danach ist die Samenblase der Königin, die »Spermatheka«, gefüllt. Der Vorrat an Spermien reicht für den Rest ihres bis zu vier Jahre währenden Lebens. Fünf bis zehn Tage später beginnt sie mit der Eiablage oder, wie der Imker wegen der Form der Eier sagt, dem »Stiften«. Dabei wird sie stets von einem Hofstaat aus Jungbienen begleitet, der sie mit Gelée royale versorgt – auf diesen speziellen Stoff werde ich später, in einem eigenen Kapitel, genauer eingehen.

Gegen Ende der Saison, wenn die Drohnen nicht mehr gebraucht werden, kommt es zur sogenannten »Drohnenschlacht«. In den seltensten Fällen werden die überflüssig gewordenen Esser aber wirklich totgestochen. Meistens befördern die Arbeiterinnen sie einfach an den Ausgang des Stocks und überlassen sie dort ihrem Schicksal. Je nach Nahrungsangebot variiert der Zeitpunkt für dieses Ereignis. Manchmal gibt es Spättrachten, die vereinzelt noch ein spätes Schwärmen nach sich ziehen können. Dann werden auch die Drohnen noch gebraucht.

Die Vermehrung des Biens ist für den Imker recht unkompliziert. Zur Zucht wählt er Königinnen aus Völkern aus, die seinen Zuchtzielen entsprechen. Wie aber erreicht er, dass nicht nur die Königin, sondern auch die Begatter einem zuchtwürdigen Volk entstammen, dass nicht irgendwelche dahergeflogenen Wald- und Wiesendrohnen die Bemühungen um einen leistungsstärkeren Bien wieder zunichtemachen? Um dieser Frage gerecht zu werden, ersann man die Belegstationen oder Belegstellen. Idealerweise sind sie auf Inseln untergebracht, beispielsweise auf Langeoog in Ostfriesland. Dort dürfen dann nur »gekörte« Drohnen fliegen. Kören heißt, es existiert ein Herdenbuch, das von einem Zuchtmeister geführt wird und die Abstammung der Drohnen verrät. Auf fünfundzwanzig bis fünfzig Paarungsvölkchen muss ein gekörtes Drohnenvolk kommen. Solche Belegstellen gibt es auch an Land. Dort dürfen dann bei einem Mindestabstand von sechs, besser zehn Kilometern nur gekörte Völker aufgestellt werden.

Dieser Aufwand hat seinen Preis. Eine Reinzuchtkönigin von einer Inselbelegstelle kostet im Internethandel aktuell 89 Euro. Die von einer Landbelegstelle ist schon für 54 Euro zu haben. Zum Vergleich: Eine »normale« Königin kostet lediglich 20 Euro. Der Porsche unter den Bienen ist aber die urheberrechtlich geschützte Reinzuchtkönigin Carnica-Singer, »*zwei- und dreijährig, mit drei Brutwaben, erprobte, hochwertige Zuchtmutter, aus den Königinnenprüfständen herausgezogen, mit Abstammungskarte, Leistungsnachweis, Qualitätsgarantie und Körbefund*« (Auszug von der Webpage), aus dem Ötscherland in Österreich. Preis: schlappe 490 Euro.

Es gibt Menschen, beispielsweise Wissenschaftler, denen sind die ausgeklügelten traditionellen Auswahlverfahren nicht gut genug. Zu diesen gehörte der oben schon erwähnte Wilhelm Wankler. Er ersann feinste Spritzen, mit denen er versuchte, die Weisel künstlich zu begatten, scheiterte aber an der Scheidenklappe der Königinnen, die zu seiner Zeit noch nicht entdeckt war – das gelang erst im Jahre 1944 dem Amerikaner Harry H. Laidlaw Junior. Während es in Europa Bomben vom Himmel regnete, fand er heraus, dass man diese kleine Klappe erst beiseiteschieben muss, um die Mikrospritze erfolgreich einführen zu können.

Außer Rüssellänge und positiven Charaktereigenschaften wie etwa Sanftmut oder unterdrückte Schwarmfreudigkeit gibt es noch einen weiteren Motivationsgrund zur Bienenzucht. Es war klar, dass auch für Herrn Bien der Tag kommen würde, an dem er zum Objekt von Rassetheorien werden würde. Reinrassigkeit gilt als »Qualitätsmerkmal«. Die Westliche Honigbiene in Europa lässt sich grob in vier Rassen einteilen, die sich aus ihrer geographischen Herkunft erklären lassen. Über ganz West-, Nord- und Nordosteuropa verbreitet findet sich die »Dunkle Honigbiene« *Apis mellifera mellifera* (einmal Honigtragen reicht ihr nicht!). In Südosteuropa ist die bekannte »Carnica« zu Hause, auch Krainer oder Kärntner Biene genannt (*Apis mellifera carnica*). Aus dem Kaukasus stammt die »Kaukasische Biene« (*Apis mellifera caucasica*) und von der Apenninenhalbinsel schließlich kennen wir die »Italienische Biene« (*Apis mellifera ligustica*), die als besonders sanftmütig gilt. Selbstverständlich kommen im Verbreitungsgebiet der westlichen Honigbiene, das bis hinunter an den südlichen Zipfel Afrikas reicht, noch wesentlich mehr Rassen vor. Sie alle zu beschreiben, würde den Rahmen dieses Kapitels sprengen. Schon Aristoteles wusste von unterschiedlichen Bienentypen im Griechenland seiner Epoche und fand diejenigen mit gelber Zeichnung am besten zum Imkern geeignet. Welche Rasse er genau damit meinte, ist heute unklar.

Von den obigen vier Bienenrassen haben zwei eine außerordentliche Bedeutung über ihr natürliches Verbreitungsgebiet hinaus erlangt: *mellifera ligustica* und *mellifera carnica*. Die Italienische Biene, setzte sich etwa ab der Mitte des 19. Jahrhunderts in vielen Gegenden Nordamerikas durch, während ihr dieser Siegeszug in Teilen Nordeuropas verwehrt blieb. Dies hat mit klimatischen Gegebenheiten zu tun. Sie ist zwar fleißig, schwarmträge und sanftmütig, mag aber keine allzu strengen Winter. In unseren Breiten hingegen konnte vor allem die Carnica-Biene überzeugen. *Mellifera mellifira* und *mellifera caucasica* behielten nur lokale Bedeutung.

Pionier in Sachen Auslese und Zucht wurde der bei Neubrandenburg geborene Professor Dr. Enoch Zander (1873 bis 1957). 1893 ging der Preuße zum Studium nach Bayern, an die Universität Erlangen. Nach einem kurzen Ausflug in die Botanik entschied er sich für die Zoologie und wurde zur Koryphäe in Sachen Bienen. Bereits 1907 wurde er, dreißigjährig, Leiter der neugegründeten wissenschaftlichen Abteilung der Königlichen Anstalt für Bienenzucht und 1910 ihr Direktor. Das war ein Jahr nach seiner spektakulären Entdeckung des Erregers der Nosematose, einer Durchfallerkrankung bei Bienen, die im Frühjahr zum rapiden Zusammenbruch der Völker führen kann. Ferner forschte er an der Pollenzusammensetzung im Honig, um dessen Herkunft exakt bestimmen zu können. Die von ihm entwickelte Zanderbeute verfügt über ein recht großes Rähmchenmaß von 42 × 22 Zentimetern. Weil sie mehr Platz haben, bilden sich in ihr stärkere Völker als in der »Deutsch Normal«-Beute. Mein Freund und Nachbar Wüli imkert mit ihr und erntet regelmäßig größere Mengen Honig als ich. Dafür sind die einzelnen Kisten natürlich auch schwerer und er klagt häufig über Rückenschmerzen. Wer das eine will, muss mit dem anderen klarkommen.

Ein weiterer wichtiger Player auf diesem Gebiet war Professor Ludwig Armbruster (1886 bis 1973). Sein Nachname lässt auf den

Spross eines alten Zeidlergeschlechts schließen. Bemerkenswerter-weise widmete auch er sich zuerst dem Göttlichen in Gestalt eines Theologiestudiums, bevor er zur Zoologie umschwenkte und sein Leben ganz den Bienen verschrieb. Er war es, der das Institut für Bienenkunde in Berlin-Dahlem aufbaute und ab 1923 als dessen Direktor fungierte. 1934 schassten ihn die Nazis jedoch aus diesem Amt, mit der Begründung, er sei ein Judenfreund. Tatsächlich arbeitete Armbruster mit verschiedenen jüdischen Wissenschaftlern zusammen, war Mitglied im »Deutschen Komitee pro Palästina« und Unterzeichner des »jüdischen Apells an das Weltgewissen«. Unmittelbar vor seiner Entlassung rettete er rund hundert seiner jüdischen Studenten vor dem Holocaust, indem er sie mit Facharbeiterbriefen versah, die nötig waren für eine Ausreise nach Palästina. Erst 1957 erfolgte seine gesellschaftliche Rehabilitierung mit der Verleihung des Verdienstkreuzes Erster Klasse der Bundesrepublik Deutschland. Die Nazisaubermänner, die für seine Kaltstellung verantwortlich waren, erhielten hingegen allesamt bereits kurz nach dem Krieg neue universitäre Posten, während er außen vor blieb.

Der Deutsche Imkerbund (DIB), bekannt durch den Adler auf seinen Honiggläsern, drückt sich bis heute um eine Aufarbeitung seiner braunen Geschichte. Bis in die sechziger Jahre waren die Leiter der wichtigsten Bieneninstitute ehemalige NSDAP-Mitglieder. Zu nennen ist in diesem Zusammenhang unter anderem Karl Dreher, der Armbruster sogar anlässlich dessen hundertsten Geburtstages die gebührende Anerkennung in der *Allgemeinen Deutschen Imkerzeitung* verhinderte. Stattdessen erfuhr er 1973, im Jahr seines Todes, Ehrung auf der im fernen Argentinien stattfindenden APIMONDIA, dem internationalen Kongress der Bienenzüchter, der in der Regel alle zwei Jahre an stets wechselnden Orten stattfindet. Man spielte dem Toten die deutsche Nationalhymne. Armbrusters wichtigstes Werk ist die *Bienenzüchtungskunde* von 1919.

An dieser Stelle möchte ich auf den Großmeister der Bienenzucht eingehen, Bruder Adam (1898 bis 1996), auch er ein Mann
Gottes. In Mittelbiberach als Karl Kehrle geboren, ging der
Schwabe bereits als Zwölfjähriger auf Betreiben seiner Mutter nach
England und trat dort in die Benediktinerabtei von Buckfast ein,
die in der Grafschaft Devon liegt, und wählte als Ordensnamen
Adam. Das Kloster befand sich gerade in einer Umbauphase, auch
er musste bei den Bauarbeiten mit anpacken. Auf Dauer war das
für den schmächtigen Knaben zu anstrengend, sodass ihn die Mön-
che der Klosterimkerei unter dem siechen und alten Bruder Co-
lumban zuteilten. Da war Bruder Adam gerade siebzehn Jahre alt.

Seine Ernennung zum Steuermann erfolgte zu einem Zeitpunkt, als das Schiff schon am Sinken war. Seit 1913 nämlich wü-
tete in England ein Bienensterben, für das amtlich die Tracheenmilbe verantwortlich gemacht wurde. Dieser Parasit siedelt sich in
den Atmungsorganen der Bienen ein, schwächt sie und lässt sie
sterben. In England wurde damals fast ausschließlich mit der
dunklen *Apis mellifera mellifera* geimkert. Auch das Kloster wurde
von der Seuche hart getroffen. 1916 überlebten von sechsundvierzig Völkern ganze sechzehn. Die Überlebenden waren ausschließlich Kreuzungen mit der Italienerbiene. Augenscheinlich waren sie
widerstandsfähiger gegen die Krankheit. Dies gab Bruder Adam zu
denken und er begann, diese durch Zucht gezielt zu vermehren.
1919 übernahm er offiziell die Leitung der Klosterimkerei, die er
bis 1992 behalten sollte.

Wie das Glück es wollte, traf der schwäbische Novize 1920 auf
einen Landsmann aus dem Schwarzwald, der als Handelsreisender
in Sachen Kuckucksuhren in England unterwegs war. Dieser hatte
ein nagelneues Bändchen von Armbrusters *Bienenzüchtungskunde*
in seinem Gepäck und vermachte es dem jungen Mann. Bewaffnet
mit diesem Werk und dem Wissen um Mendels Vererbungslehre,
gelangen Bruder Adam weitere Zuchterfolge durch Einkreuzen von

Carnica in seine Bestände. Während die anderen Züchter, ganz im Sinne des Zeitgeistes, nach Rassereinheit strebten, sah Bruder Adam darin das Inzuchtproblem und die damit einhergehende Degenerierung. Er setzte daher auf genetische Vielfalt. Befeuert durch seine züchterischen Erfolge begann er ab 1920, weite Teile der Welt zu durchreisen, immer auf der Suche nach geeignetem Zuchtmaterial, das er mit seinen Klosterbienen kreuzen konnte. Seine Reisen führten ihn durch weite Teile Europas, Asiens und Afrikas. Letztlich gelang es ihm so, eine stabile, zuchtfeste, eigene Rasse zu etablieren, der er den Namen seines Klosters gab. So entstand die Buckfastbiene, die weltweit einzige wirkliche Zuchtrasse.

Gegen Ende seines an Erfolgen reichen Lebens aber erteilte ihm das Schicksal eine saftige Lektion in Sachen Demut. Der immer schon schwächliche alte Mann fuhr 1992, also im Alter von stattlichen vierundneunzig Jahren, dem Kloster eine Missernte ein. Die Klosterleitung nahm ihm die Imkerei weg und verwehrte ihm sogar den Wunsch, seinen langjährigen Assistenten als seinen Nachfolger einzusetzen. Sie gönnte ihm noch nicht einmal seinen täglichen Löffel Honig. Verbittert verließ Bruder Adam das Kloster und verbrachte seine letzten Jahre in Einsamkeit in einem Altersheim – Hollywood, hier harret deiner ein großer Stoff!

Die Buckfastbiene wird heute von vielen Imkern weltweit gerne verwendet und weitergezüchtet. Ihre wichtigsten positiven Eigenschaften liegen in ihrer Schwarmträgheit, ihrer Gutmütigkeit, ihrer Robustheit gegen Krankheiten und schädliche Umwelteinflüsse, großer Volksstärke, gutem Wabensitz und in ihren hohen Honigerträgen. Von einem guten Wabensitz spricht der Imker, wenn die Bienen beim Herausziehen der Waben brav sitzen bleiben, statt sofort in den Angriffsmodus zu schalten.

Zu trauriger Berühmtheit hat es der brasilianische Genetiker Warwick Estevam Kerr gebracht, der 1922 geborene Vater der »Killerbiene«. Offiziell wird sie heute die Afrikanisierte Honigbiene oder einfach *africana* genannt. 1955 brach der junge Forscher, Abkömmling schottischer Einwanderer, im Auftrag des brasilianischen Landwirtschaftsministeriums zu einer Reise nach Südafrika auf und kehrte mit einhundertzwanzig Weiseln der Rasse *Apis mellifera scutellata* zurück. Zweifelsohne wollte er an die Zuchterfolge von Bruder Adam anknüpfen. Im tropisch schwülen Rio Claro, vierhundertfünfzig Kilometer westlich von Rio de Janeiro im Inland gelegen, stellte er sie in seinem Bienenstand unter eine – wie sich bald herausstellen sollte – höchst schlampige Quarantäne und begann mit der Forschung. Grund für diese Anstrengungen war, dass die von den Kolonialherren in die neue Welt gebrachten Rassen *mellifera* und *ligustica* unter Tropenbedingungen nur den unbefriedigenden Honigertrag von rund zwanzig Kilo im Jahr produzierten, obgleich sie im ewigen Sommer Brasiliens fortwährend von einem schier unerschöpflichen Blütenmeer umgeben waren. Hier sollten die Gene der Ostafrikanischen Hochlandbiene *scutellata* Abhilfe schaffen. Gleichzeitig erhoffte Kerr, durch den Einfluss der friedlichen *ligustica* ein Wesen zu erschaffen, das durch Sanftmut die Arbeit des Imkers leicht halten sollte.

Rückschauend darf gesagt werden, dass Kerr Ersteres durchaus gelungen ist. Seine Biene schafft in einem Jahr mühelos Erträge von achtzig bis hundert Kilogramm Honig ran. Sein zweites Zuchtziel jedoch ging bekanntlich gründlich daneben. Der Killerbien schickt nicht einzelne Kamikazeflieger im Alleingang los, sondern stürzt sich mit der geballten Volksstärke auf den vermeintlichen Angreifer, den er auch gerne über längere Strecken verfolgt. Spätestens ab fünfhundert Stichen ist bei Kindern, bei Erwachsenen ab tausend Stichen die tödliche Dosis Bienengift erreicht und der anaphylaktische Schock gewiss.

Am Anfang lief alles bestens. Die neuen Weisel aus Afrika kreuzten sich mühelos mit den Drohnen der alteingesessenen Bienenrassen. Die *africana* war geboren. Angeblich bestand Kerrs Quarantänemaßnahme darin, dass er vor die Fluglöcher seiner Beuten Gitter anbrachte, durch die zwar die Arbeiterinnen schlüpfen konnten, die aber für den Körperumfang der Königin zu eng waren. Und angeblich entfernte einer seiner Angestellten jene ominösen Gitter aus nie geklärten Gründen. Fakt ist, dass schon im ersten Jahr sechsundzwanzig Schwärmen der neu erschaffenen Rasse das Entfleuchen gelang. Sie kamen mit dem tropischen Klima prima zurecht und breiteten sich rasend schnell über weite Teile des Kontinents aus. Während dieser Landnahme erreichte die Killerbiene Reichweiten von dreihundert bis fünfhundert Kilometern pro Jahr und verdrängte die friedliebende *ligustica*-Konkurrenz nahezu komplett.

Dabei erwies sie sich als äußerst einfallsreich. So bilden sich zum Beispiel Minischwärme um eine begattete Königin, die sich mit lediglich zwanzig bis dreißig Arbeiterinnen unter einem besiedelten Bienenstock verstecken und abwarten, bis die alte Königin mit ihrer Hälfte des Volkes ausschwärmt, um prompt in die Beute einzudringen. Da sie sofort loslegt mit dem Eierlegen, ist sie für die verbliebenen Arbeiterinnen natürlich attraktiver als der noch unbefruchtete eigene Weisel. So beginnen sie der Usurpatorin zu dienen und die rechtmäßige Thronerbin hat das Nachsehen. Bei Dichten von bis zu hundert (allerdings kleinen) Schwärmen pro Quadratkilometer kommt die Killerbiene auf immense Nachzuchtraten und scheut auch nicht vor Freibeutertum zurück: In der Takellage von Segelschiffen schafften die ersten Völker den Sprung über die Karibik und den Golf von Mexiko nach Nordamerika.

Ihr Ausbreitungsgebiet reicht heute bis weit in den Süden der Vereinigten Staaten und hat wohl bald seine natürliche Grenze erreicht, denn kaltes Klima mag sie nicht. Das Imkern mit ihr ist schwierig, aber lohnend. Die Imker haben sich auf sie eingestellt und tragen entsprechende Schutzkleidung – vor allem Handschuhe sind wichtig. Ich selbst traf einmal einige Imker auf der mexikanischen Halbinsel Yucatán, nahe Tulum, die mit einem

Tanklaster voll Honig gerade hochzufrieden von der Ernte zurück-kamen. Sie waren mit aluminiumbeschichteten Hitzeschutzanzü-gen bekleidet, wie sie sonst von Feuerwehrleuten oder Stahlarbei-tern getragen werden. Die sind absolut stichdicht und erlauben ein Arbeiten unter der gnadenlosen Tropensonne, ohne dass die Imker Gefahr laufen, einen Hitzschlag zu erleiden. Trotzdem, so erklär-ten die Tropenimker mir, nähmen sie die Arbeiten an den Völkern am liebsten vormittags vor, wenn sich ein großer Teil der Arbeite-rinnen auf der Nektarsuche befinde.

Die Befürchtung von Wissenschaftlern, dass das aggressive Tier natürlich in ihrem Verbreitungsgebiet vorkommende Wildbienenar-ten verdrängen könnte, hat sich hingegen wohl nicht bewahrheitet.

Warwick Estevam Kerr mühte sich zeitlebens, friedlichere Vari-anten seiner Neuschaffung zu züchten und in die Natur zu entlas-sen; allerdings mit mäßigem Erfolg. Auf die Frage, ob er, vor die Wahl gestellt, noch einmal die Afrikanisierte Honigbiene erschaf-fen würde, antwortete er mit: Ja. Dabei verwies er auf die wirt-schaftliche Bedeutung der gesteigerten Honigproduktion, die ge-rade Menschen in verarmten ländlichen Gebieten zugutekommen würde. Angesprochen auf die durchschnittlich 195 Menschen, die jährlich allein in Brasilien durch die Bienen zu Tode kommen, ver-wies er auf gewisse Straßenzüge in Rio de Janeiro, wo die Opfer-zahlen durch Verkehr und Kriminalität noch höher seien.

»Landflucht« der Bienen

Wo gerade vom Tod die Rede ist: Auch meine persönliche Ge-schichte der Imkerei begann auf tragische Weise; und zwar mit der Waffe des Zeidlers. Ich hatte einmal einen guten Freund, der war Tischler. Der benutzte seine Armbrust, um aus Liebeskummer Selbstmord zu begehen. Er schoss sich damit einen Bolzen in den

Kopf. Auf seiner Beerdigung traf ich einen meiner alten Kumpel aus Bonner Zeiten, der ebenfalls Schreiner war. Wir kamen ins Gespräch und es stellte sich heraus, dass er einen Posten als Institutsschreiner am Bonner Institut für Bienenkunde bekleidete. Er verschaffte mir, wie bereits erwähnt, die Möglichkeit, als Gasthörer an einem Seminar unter Professor Dr. Wittmann teilzunehmen.

Mein Vater hatte nach seinem ersten erfolglosen Sommer die Imkerei gleich wieder an den Nagel gehängt. Zu viele Katastrophen hatten in kurzer Folge einander gejagt. Meine Mutter und meine Nichte waren Opfer einer Bienenattacke geworden, da sie sich unvorsichtigerweise ohne Schutzkleidung in der Nähe aufhielten, als mein Vater in einer trachtarmen Zeit unfachmännisch den Honigraum auseinanderriss. Mangels sachkundiger Schwarmkontrolle schwärmte das Volk ab. Anschließend gingen alle Bienen, die ihm noch geblieben waren, an der Varroamilbe zugrunde. So erbte ich meine erste Ausrüstung, kaufte nach dem Seminar von Dete Papendieck meinen ersten Ableger und legte direkt los.

Seither ist eine Menge Wasser den Rhein hinuntergeflossen. Anders als mein alter Herr ließ ich mich durch eine Serie schwerer Rückschläge und Misserfolge immer nur für kurze Zeit entmutigen. Den eigenhändig mit Herrn Bien getauschten (beziehungsweise, je nach Sichtweise, ihm geraubten) Honig genießen zu können, war eine starke Triebfeder. Ich ersetzte die an die Varroamilbe verlorenen Völker und schaffte es irgendwann, das erste über den Winter zu bringen. Dann kaufte ich gebraucht drei weitere Beuten und habe danach gelernt, sie mir selber zu zimmern. Durch die Hilfe einer kundigen Freundin schaffte ich es, Varroa in den Griff zu bekommen. Jede Saison lerne ich spannende neue Dinge dazu und fühle mich angesichts der mannigfaltigen Fragen und Entscheidungsmöglichkeiten, die der Umgang mit dem faszinierenden Herrn Bien mit sich bringt, vielleicht nicht wie ein Stümper, so doch trotz all der Jahre noch immer wie ein Novize.

Verlassen wir die Geschichte und werfen einen Blick auf die Gegenwart. An den Rähmchenmaßen hat es in den letzten Jahrzehnten wenig Veränderung gegeben. Anders sieht es bei den Materialien für die Bienenbeuten aus. Von den traditionellen Werkstoffen hat sich bis heute das Holz behaupten können. Das beste Holz zum Bau von Beuten stammt von der Weymouth-Kiefer. Dieser Baum, der auch Strobe genannt wird, stammt aus dem östlichen Nordamerika, ist der offizielle Staatsbaum von Michigan und Maine und kann über sechzig Meter hoch werden. Ihr Holz ist leicht, bietet eine gute Schall- und Temperaturisolierung und ist einigermaßen dauerhaft. Außerdem hat es eine schöne Maserung. Man kann natürlich auch das Holz heimischer Kiefernarten zum Beutenbau benutzen. Das ist zwar ein wenig schwerer, dafür aber wesentlich billiger. Ich selber habe einmal eine Reihe alter Baubohlen aus einfachem Fichtenholz mittels Upcycling in Bienenkisten verwandelt und bin ganz zufrieden mit ihnen.

Leider ist die allgegenwärtige Plastikindustrie auch an der Imkerei nicht vorbeigegangen, und so bietet der Handel heutzutage auch eine Menge Kunststoffbeuten zum Verkauf an. Hervorzuheben seien hier die Segeberger Beute und die Frankenbeute aus Styropor. Sie ist billiger und leichter als die Holzbeute, geht allerdings auch schneller kaputt, wenn man mit dem Stockmeißel, dem Universalwerkzeug des Imkers, an ihr herumhebelt. Dies geschieht allenthalben, da die Bienen alle Ritzen, also auch die Fugen zwischen den einzelnen Kisten, nach jedem Öffnen aufs Neue mit Wachs und Propolis zukitten. Auch Mäuse und Spechte, ja sogar Meisen haben mit dem Styropor leichteres Spiel als mit Holz, um an die leckeren Innereien des Bienenstocks zu gelangen. Muss man das Styropor wegen Seuchenbefall verbrennen, so stinkt das widerlich und erzeugt ekelhaften, schwarzen Qualm. Will man sie desinfizieren, muss man zu Ätznatron greifen. Bei einer Holzbeute reicht es, die Innenräume kurz mit einem Gasbrenner abzuflämmen.

Es werden auch Beuten aus Polyurethan angeboten, die zwar wesentlich stabiler als die Styroporbeuten sind, sich jedoch in puncto Brennbarkeit nicht groß von ihnen unterscheiden. Meiner Meinung nach gibt es auf unserem Planeten bereits viel zu viel Plastik in allen seinen Varianten, mögen sie nun Styropor heißen oder mit irgendwelchen Abkürzungen wie PVC oder PUR in den Sprachgebrauch eingegangen sein. Ich empfinde es als verwerflich und widersprüchlich, wenn Imker mit ihren Investitionen einen Anteil an der globalen Plastikverseuchung schaffen. Eine biologische Wirtschaftsweise lässt sich nicht mit der Verwendung von Kunststoffbeuten vereinbaren und ist daher konsequenterweise im Sinne der Bioverordnung auch nicht zugelassen.

Ausgerüstet mit dem Wissen vieler Generationen und den technischen Errungenschaften der Neuzeit, schreiten in Deutschland vor allem Hobbyimker zur Tat. Ich besitze sieben Beuten und plane, eine achte zu bauen. Damit befinde ich mich ziemlich genau mitten im Durchschnitt. Geschätzte hunderttausend Imker kümmern sich in Deutschland um geschätzte siebenhunderttausend Völker. Mein Honig ist lecker und war letztes Jahr so gefragt, dass ich dieses Frühjahr Marmelade esse, während ich auf die neue Ernte warte.

Die volkswirtschaftlich und ernährungstechnisch so wichtige Tierhaltung sieht sich also auf Gedeih und Verderb den Hobbyimkern und Idealisten ausgeliefert. Dabei ist Deutschland mit einem jährlichen Pro-Kopf-Verbrauch von etwa einem Kilo führend im weltweiten Honigkonsum. Bei uns zu Hause liegt er noch deutlich darüber: In meiner vierköpfigen Familie schafft es ein Kilo Honig kaum über die Woche. Der in Deutschland produzierte Honig kann nur etwa ein Fünftel des Bedarfs decken. Der Rest stammt aus Importen.

Der sympathische deutsche Kleinimker findet sich seit Neuestem auch in der Stadt. Auf Flachdächern, in Parkanlagen und auf

Schulgeländen, selbst auf Balkonen halten Menschen Bienen. Es gibt sogar professionelle Imker, die mit ihren Völkern gezielt die Städte aufsuchen, um von der reichen Lindentracht zu profitieren. Berlin ist hier mal wieder Vorreiter. Ich finde diese Entwicklung genauso toll wie das Guerilla-Gärtnern, das unter einigen ökologisch denkenden Gruppen in unseren Städten immer populärer wird. Hervorzuheben sei an dieser Stelle auch Andernach. Die Geburtsstadt meines literarischen Idole Charles Bukowski liegt nur wenige Kilometer entfernt von meinem Heimatort am anderen Ufer des Rheins und hat sich selber zur »essbaren Stadt« erklärt. Anstelle steriler Rasenflächen mit Zierbäumen werden hier auf städtischem Grün Gemüse gepflanzt, Obstbäume gesetzt und Beerensträucher gehegt. Unter Anleitung einiger festangestellter Gärtner darf jeder Bürger, der Lust hat, mitmachen und alle, selbst die Faulpelze, die keine Lust zum Buddeln oder Jäten haben, dürfen ernten. Das spart der Stadt eine Menge Geld, das sie früher für die Grünpflege ausgegeben hat, und bringt Tourismus. Natürlich dürfen bei diesem Konzept auch die Bienen nicht fehlen. Sie stehen auf der Mauer des Rheintors, wo sich wohl schon im Mittelalter die Bienenstöcke befanden. Der Sage nach vereitelten zwei Bäckerjungen am frühen Morgen die Rammbockattacke der Linzer, indem sie die weiter oben bereits beschriebene Kriegslist anwandten und ihnen eben diese Bienenkörbe auf die Köpfe warfen. Linz liegt auf meiner Seite des Rheins und war wohl sauer wegen irgendeiner Zollgeschichte. Der »Linzer Strinzer« gilt auch heutzutage noch als unangenehmer Kerl.

Die Imkerei in der Stadt birgt gegenüber dem Geschehen auf dem Land ganz klar den Vorteil, dass die Insekten hier vor der chemischen Dusche unserer Landwirte relativ sicher sind. Studien in Halle an der Saale haben gezeigt, dass die Pflanzen in der Stadt heutzutage besser bestäubt werden als ihre Verwandten im landwirtschaftlich geprägten Umfeld. Außer von den Honigbienen werden ihre Blüten auch wesentlich häufiger von Schmetterlingen, Schwebfliegen und Wildbienen besucht. Zudem ist es in der Stadt wärmer als auf dem Land, was die Bienen auch gerne mögen. Während die Landpomeranze im Stock der Kälte trotzt, fliegt die Städterin noch lustig durch die Gegend und sackt Pollen und Nektar ein. Gerade bei Frühtrachten wie der Weide und bei Spättrachten wie Efeu macht der durchschnittliche Temperaturunterschied von 2 Grad Celsius auf jeden Fall einen Unterschied. Und Studien haben auch gezeigt: Von dem durch den Straßenverkehr verbreiteten, schwermetallhaltigen Feinstaub finden sich nur vernachlässigbare Mengen im Honig. Zu kurz ist die Lebensdauer der Blüten, als dass es zu nennenswerten Ablagerungen kommen könnte.

Biene auf Efeublüte

Dennoch sind Stadtimker dem Deutschen Imkerbund ein Dorn im Auge. Von angeblich bis zu tausend Völkern allein in Berlin sind nur die wenigsten bei ihm registriert. Und was der DIB nicht kontrolliert, dem misstraut er. Die Warnungen vor mangelndem Fachwissen und geringen Völkerzahlen klingen in diesem Zusammenhang ein wenig miesepetrig. Der moderne Städter organisiert sich lieber locker über Initiativen wie beispielsweise »Deutschland summt« als in einem eher altbackenen Verein mit nicht restlos aufgearbeiteter brauner Vergangenheit.

Auf der Internetseite von »Deutschland summt« findet sich dann auch ein kurzer Clip mit Professor Burkhard Schricker von der TU Berlin. Er stellte bereits in den siebziger Jahren am Rockefeller Institut in New York gegenüber des Central Parks eine Reihe von Bienenkisten auf und gilt als Pionier des *Urban Beekeeping*.

In Paris nutzen Imker die Dächer der Opéra Garnier oder der Kathedrale von Nôtre Dame, um Promi-Honig zu erzeugen. Promi-Standorte sorgen für Aufmerksamkeit und bringen die Insekten in die öffentliche Diskussion. Zudem ermöglichen sie zuweilen absurde Preise. Wer beispielsweise den edlen Stoff vom Operndach erwerben möchte, der zahlt für ein Gläschen mit hundertfünfundzwanzig Gramm satte 15 Euro. Doch auch für weniger dreiste Imker kann sich das Geschäft mit dem Beton-Honig lohnen. Wer sein Produkt nach einem Stadtteil, einem Kiez oder einem berühmten Gebäude benennen kann, der verkauft auch eine Geschichte. Ähnlich machen es die Winzer mit ihren Lagen-Weinen.

Insgesamt sollten alle froh sein über jeden Menschen, der sich entschließt, sein Scherflein zur Mensch-Bien-Symbiose beizutragen. Denn die Imkerschaft leidet nach wie vor an Überalterung. Eine Erhebung, die im Jahr 2015 in Mecklenburg-Vorpommern durchgeführt wurde, ergab, dass mehr als die Hälfte der dortigen Imker die fünfundsechzig Jahre bereits überschritten hatten. Die Situation dürfte anderswo kaum besser sein.

Trotzdem wird das Gros unseres Honigs natürlich nach wie vor auf dem Land erzeugt. Was die Betriebsform angeht, so ist in Deutschland die Bienenhaltung wie gesagt fest in der Hand des

»kleinen Mannes«. Profis werden immer seltener. Da die Hobby-imker allerdings mit geringen Völkerzahlen hantieren, ist auch dieser Umstand ein Grund für den Rückgang der Bienenzahlen. Wer Imkern als ernsthaften Nebenerwerb betreiben möchte, der braucht mindestens dreißig Völker; Imker, die den Beruf zum Vollerwerb ausüben, mindestens hundert.

Bienengeschäfte in Amerika

Bei einem Bienen-Tycoon wie dem US-Amerikaner Bret Adee dürften solche Zahlen allenfalls ein müdes, sehnsüchtiges Lächeln hervorrufen. Der Kalifornier nennt zweiundneunzigtausend Völker sein eigen. In seinem Geschäftsfeld ist Honig zum vernachlässigbaren Nebenprodukt geworden. Der wird in China und Lateinamerika so billig produziert, dass Adee nicht konkurrenzfähig ist. Ihm geht es um Bestäubung. Pro Volk und Saison berechnet er einem Obstbauern 200 Dollar. Das wichtigste Geschäft ist die Mandelblüte. In Kalifornien wächst der mit dem Pfirsich verwandte, frühblühende Baum, welcher wie Apfel, Kirsche oder Himbeere der Familie der Rosengewächse (*Rosaceae*) entstammt, auf über dreitausend Quadratkilometern. Um eine optimale Bestäubung des rosa Blütenmeeres gewährleisten zu können, werden pro Hektar fünf Völker benötigt. Dies führt dazu, dass allein für die Mandelblüte jedes Frühjahr zwei Drittel der kommerziell in den USA gehaltenen Bienen auf Sattelschleppern nach Kalifornien gekarrt werden müssen. Adee liegt mit seinen Völkern nach eigenen Angaben bei einem Marktanteil von zwölf Prozent.

Wie so oft ist bei Profiten in diesen Größenordnungen das organisierte Verbrechen nicht fern. Während in Deutschland gelegentlich die eine oder andere Bienenbeute vom skrupellosen Imkerkollegen gemopst wird, um die Winterverluste auszugleichen, verschwinden in den USA nicht selten ganze Lkw-Ladungen mit Bienen. Rechnet man, dass ein Sattelschlepper hundert Völker abtransportieren kann, so ergibt dies schon in der ersten Saison einen Gewinn von zwanzigtausend Bucks, wie die begehrten grünen Scheinchen liebevoll im amerikanischen Volksmund genannt werden.

Solche Verluste sind allerdings wahrscheinlich noch die geringsten Sorgen des Bienenmoguls. Wesentlich mehr macht ihm das Bienensterben zu schaffen. Während noch vor zehn Jahren Verluste von zehn bis zwölf Prozent als normal galten, so verlor er im letzten Winter gigantische vierundvierzig Prozent seiner Völker, was in absoluten Zahlen knapp vierzigtausend Völkern entspricht. Um seine Verträge einhalten zu können, muss Adee die Völker anderer Imker aufkaufen oder mieten. Er schätzt die finanziellen Verluste der amerikanischen Bestäubungsindustrie durch das Bienensterben während der letzten fünf Jahre auf 1,2 Milliarden Dollar.

Die Ursachen für das große Sterben sieht er in einer Reihe von Faktoren. Der Gebrauch von Insektengiften aus der Familie der Neonicotinoide ist für ihn nur eine Ursache unter vielen (siehe dazu die Kapitel 8 und 9). Da ist zum Beispiel auch noch die Dürre in Kalifornien als Folge von Klimawandel und Ressourcenübernutzung. Die Mandel blüht sehr früh, oft schon gegen Ende Januar. Spätfröste können den Totalausfall bedingen. Früher behalfen sich die Mandelfarmer damit, dass sie die Plantage einfach mit Wasser fluteten. Wasser ist ein guter Wärmespeicher und gibt sogar noch während des Gefrierens Wärme ab. So überlebt die Blüte die kritische Zeit. Der positive Nebeneffekt für die Bienen bestand darin, dass durch die Flutung eine Menge Wildkräuter zwischen den Mandelbäumen eine Chance bekamen, die ihrerseits mit ihren Blüten für Abwechslung auf dem Speiseplan der Bienen sorgten. In den letzten Jahren, unter den Vorzeichen der Dürre, unterließen die Farmer jedoch nicht nur die Flutungen, sondern bekämpften die Kräuter sogar noch aktiv mit dem allseits beliebten Pestizid Glyphosat, da sie fürchten, dass die kalte Luft in den Wildkräutern hängenbleibt und so der Blüte schadet. Ganzheitliches Denken kommt in der kommerzialisierten Landwirtschaft leider mehr und mehr aus der Mode.

Dieses Problem bekommen auch die Imker auf der Halbinsel Yucatán zu spüren. Mexiko, ein Gigant auf dem Parkett des internationalen Honighandels, transportierte im Jahr 2014 fünfzehntausendvierhundert Tonnen allein nach Deutschland und war damit offiziell unser größter Honiglieferant. Aus Yucatán stammen vierzig Prozent der gesamten Produktion. Seit den siebziger Jahren des vergangenen Jahrhunderts gab es verschiedene Regierungsprogramme, die Mexiko zur »Imker-Supermacht« gedeihen ließen und gleichzeitig den verarmten Campesinos eine Einkommensmöglichkeit verschafften, die gerne angenommen wurde. Damals war noch die von den Spaniern eingeschleppte Italienerin die Biene der Wahl. Das änderte sich gegen Ende der Achtziger, als die *africana* in Mexiko ankam. Über die Jahre hat die Landbevölkerung gelernt, mit ihr umzugehen, und begegnet ihr, wie bereits erwähnt, am besten in der hitzedichten Tracht der Stahlarbeiter. Trotz Abholzung, Tornados und Landgrabbing geht das Honigsammeln weiter. Mexiko ist der sechstgrößte Produzent und drittgrößte Exporteur von Honig auf der Welt. Fünfundzwanzigtausend Familien hängen an dem Geschäft mit dem süßen Stoff.

Bemerkenswerterweise gewannen diese mexikanischen Imker 2014 einen Prozess gegen die »Mächte der Finsternis«: Sie erreichten, dass der Monsanto-Konzern die bereits erteilte Erlaubnis, auf zweihundertfünfzigtausend Hektar Land Gensoja anzubauen, wieder entzogen bekam. Das schlagende Argument in dem Prozess bestand darin, dass mit Genpollen verunreinigter Honig in der EU nicht marktfähig sei. Explizit gaben die mexikanischen Richter bei der Urteilsbegründung an, mit ihrem Richterspruch etwas gegen das Bienensterben unternehmen zu wollen.

Bei allen diesen Entwicklungen jedoch bleiben die traditionellen Imker aus dem Volk der Mayas weitgehend außen vor. Die Erbauer der Pyramiden von Chichén Iztá und Palenque haben sich vor Jahrtausenden bereits auf die einzigartige Symbiose mit einem Herrn Bien eingelassen, der nicht zu den Honigbienen zählt: Die Rede ist von der Stachellosen Biene (*Meliponini*). Zwei Arten werden von den Mayas gehalten; *Melipona beecheii* und *Melipona yucatanica*.

Die Maya Yucatáns sind bekannt dafür, erst den spanischen und später den mexikanischen Invasoren einen langen und zähen Widerstand geleistet zu haben. Selbst das Eisen der Europäer wollten sie nicht annehmen und vertrauten im Dschungelkampf noch Jahrhunderte nach dem Eintreffen der ersten Konquistadoren lieber auf Pfeilspitzen aus Obsidian. Obwohl ein *Melipona*-Volk nur etwa zwei Kilo Honig im Jahr liefert, wollten sie von den Bienen der Weißen nichts wissen – auch wenn diese zehnmal so viel Honig geben. Das Insekt, das zwar nicht stechen, dafür aber beißen kann, wurde als Xunan-Kab verehrt. Der Bienengott hieß Ah-Muzen-Cab. Man kennt ihn aus dem Madrider Kodex, einem der wenigen Bücher der Mayas, welches die Bücherverbrennungen des berüchtigten Bischofs von Yucatán, Diego de Landa, überstand. Lange vor der Ankunft von Kolumbus süßten die Mayas ihren Kakao mit *Melipona*-Honig und ließen ihn zusammen mit der Rinde des lila blühenden, zu der Gruppe der Leguminosen gehörenden Baumes *Lonchocarpus violaceus* zu dem psychoaktiven Getränk Bal-Che vergären, das übrigens – wie so vieles – von den Spaniern dann verboten wurde.

Anders als die Honigbiene sammelt die Stachellose Biene ihren Honig nicht in Waben, sondern in kleinen, aus einem Harz-Wachs-Gemisch gefertigten Töpfen. Ein anderer Unterschied zur Honigbiene liegt darin, dass die Larven nicht aktiv gefüttert werden. Vielmehr wird Honig und Pollen gemeinsam mit einem Ei in einer Zelle untergebracht und verschlossen. Die Made muss sich selbst versorgen.

Bei der Ernte werden die Honigtöpfe angestochen und der Honig läuft heraus. Geimkert wird traditionell in Klotzbeuten, Tongefäßen, Zylinderröhren aus Flechtwerk oder Kalebassen. Heutzutage dominieren jedoch Holzkisten das Geschehen. Sie sind häufig zweigeteilt in einen großen Brut- und einen kleineren Honigraum. So kann der Honig geerntet werden, ohne die Brut zu zerstören. Noch in den achtziger Jahren gab es tausende Imker, die die *Melipona* hielten. Nach der Jahrtausendwende konnten davon noch gerade siebzig gezählt werden. Diese Entwicklung hat fatale Folgen für eine ganze Gruppe tropischer Pflanzenarten, für welche die Honigbiene als Bestäuber nicht taugt. Mittlerweile wird gegengesteuert. So engagiert sich beispielsweise auch Rigoberta Menchú, die Maya-Friedensnobelpreisträgerin, in der »Fundación Melipona Maya«, um diese einzigartige Form der Imkerei am Leben zu erhalten. Bei der Vermarktung spielt der Tourismus eine wichtige Rolle. Die Urlauber bestaunen gerne die pittoresk auf Holzstehlen gestapelten Klotzbeuten, und viele sind bereit, für das authentische Produkt *Melipona*-Honig auch etwas tiefer in die Taschen zu greifen.

Bienenjäger, Honiganzeiger und Elefanten

Kehren wir den beiden Amerikas und ihren Bienen den Rücken und wenden uns Afrika zu. Auf weiten Teilen des afrikanischen Kontinents steckt die moderne Imkerei noch in den Kinderschuhen. In den Savannen haben nach wie vor Honigjäger das Sagen. Ihr seit Jahrtausenden währendes Treiben hat durch negative Selektion zu der heute schon sprichwörtlichen Aggressivität der afrikanischen Honigbienen geführt. Denn haben sie einmal ein zugängliches Nest entdeckt, wird das Volk darin zerstört. Die Sanften müssen sterben, nur die Angriffslustigen bekommen die Chance, zu überleben und sich zu vermehren.

Die Honigjäger greifen dabei gerne auf die Hilfe eines gefiederten Verbündeten zurück: den Honiganzeiger (*Indicatorida*). Dieser Vogel aus der Familie der Spechte ist mit fünfzehn Arten in Afrika vertreten und frisst für sein Leben gern Wachs und Bienenmaden. Trifft er im Busch auf einen Menschen, so sichert er sich durch aufgeregtes Schwirren dessen Aufmerksamkeit. Anschließend führt er ihn zu dem nächsten Bienennest. Eine Untersuchung hat gezeigt, dass in vierundneunzig Prozent der Fälle dieses Nest dem Vogel nicht zugänglich war, weil es gut geschützt im Innern eines Baumes angelegt wurde. Dem Menschen obliegt nun die schmerzhafte Aufgabe, die harte Schale zu entfernen, damit er des süßen Inneren habhaft werden kann. Der Vogel freut sich über die Reste. Im Schnitt braucht eine Gruppe Honigjäger ohne die Hilfe des Vogels neun Stunden, um im Busch ein Bienennest zu entdecken. Mit Hilfe des Honiganzeigers verkürzt sich diese Zeit auf drei Stunden.

Es gibt Quellen, die behaupten, dass die Honiganzeiger auch mit dem Honigdachs zusammenarbeiten. Der Honigdachs ist ein Raubtier aus der Familie der Marder, das bis zu dreizehn Kilogramm schwer werden kann. Er besitzt eine so dicke Haut, dass selbst Schlangenbisse ihm nichts anhaben können. Wird er angegriffen, kann er, genau wie das amerikanische Stinktier, seinem Gegner mit einem übelriechenden Drüsensekret zusetzen. Neben Vögeln, Reptilien und den Jungtieren von Antilopen verschmäht der Honigdachs auch Skorpione, Aas oder Frösche nicht. Besonders gerne mag er aber, wie der Name vermuten lässt, den Honig. Seine kräftigen Krallen kommen ihm hierbei zugute.

Bei bienenhaltenden Menschen allerdings macht ihn diese Neigung nicht unbedingt beliebter. Neben den Honigjägern finden sich diese nämlich über den ganzen Kontinent verbreitet. Groß ist die Zahl der unterschiedlichen, traditionellen Beutesysteme: Geimkert wird in hohlen Baumstämmen, Tonkrügen, Strohkörben, Rindenbeuten, ausgehöhlten Kalebassen und Kürbissen, um nur einige zu nennen. Die Ernte findet meist nachts statt. In Ermangelung anständiger Schutzkleidung verzichten die afrikanischen Imker dann bis auf ein Kopftuch komplett auf Textilien und rücken den Beuten nackt zu Leibe. So können sich keine Bienen in der Kleidung verfangen, und der Trieb, zur Haut durchzukriechen und zu stechen, wird nicht ausgelöst.

Das Zeitalter des Mobilbaus beginnt in Afrika gerade erst. Richten wir unseren Blick auf die Sahelzone im Westen. Hier, in der Savanne, sammeln die Bienen einen Honig von unvergleichlich würzigem Geschmack. Bei einem Aufenthalt in Ouagadougou, der Hauptstadt von Burkina Faso, hatte ich vor Jahren Gelegenheit, die köstliche Speise zu probieren. Der Honig schmeckte herb, fast ein wenig bitter und wie alle Honige, sehr, sehr süß. Die klassische Betriebsweise mit der Magazinbeute funktioniert in dieser Gegend Afrikas nur bedingt. Es mangelt an Honigschleudern und die Bienen reagieren auf gehäufte Störung mit dem Phänomen des sogenannten *absconding*: Der komplette Schwarm verabschiedet sich mitsamt der Königin, lässt Honig, Brut und Waben einfach zurück und sucht sich ein neues Zuhause. Schwarmkontrollen werden durch *absconding* also ad absurdum geführt und erübrigen sich weitgehend.

In den sechziger Jahren des letzten Jahrhunderts ersann die griechische Bienenzuchtberaterin D. Papadopoulouin die Oberbehandlungsbeute (Kenyan Top Bar Hive) als ideale Betriebsweise für Afrika. Dies ist eine sich leicht nach unten verjüngende Kiste, die – wie der Name vermuten lässt – von oben bewirtschaftet wird. Sie ist einfach zu bauen und zu bedienen. Die Technik, die dahintersteht, ist uralt, stammt aus dem nordgriechischen Mazedonien und erhellt die Tatsache, dass schon die Menschen der Antike den Mobilbau kannten. Die Bienen bauen ihre Waben an bewegliche Leisten, die unter dem Deckel aufgehängt werden und nach Belieben hervorgezogen werden können. Durch das Fehlen der Rähmchen können diese Waben zwar nicht geschleudert werden, das macht aber nichts in Gegenden, wo die Honigschleuder einerseits so gut wie unbekannt und andererseits auch zu teuer ist für das Gros der Imker. Auch in Deutschland findet die Oberbehandlungsbeute ihre Freunde bei Personen, die – ähnlich den Fans der Krainer Bauernkiste – unkompliziert imkern möchten. Der Ertrag der Oberbehandlungsbeute liegt mit circa zwanzig Kilo bei etwa der Hälfte dessen, was mit einer Magazinbeute erwirtschaftet werden kann.

Beachtlich sind die Bemühungen des in Stralsund ansässigen Vereins »Deutsch-Afrikanische Zusammenarbeit« unter dem Vorsitz des Ex-DDR-Bürgerrechtlers, ehemaligen SPD-Bundestagsabgeordneten und danach Landtagspräsidenten von Mecklenburg-Vorpommern, Hinrich Kuessner, den Menschen der Sahelzone durch die Förderung der Imkerei neue Nahrungs- und Einnahmequellen zu erschließen. Das besondere Augenmerk ist auf die ariden Gegenden Nord-Togos gerichtet. Die Honigernte fällt dort in die Trockenzeit – eine Periode, in der Jahr für Jahr der Hunger Einzug hält in die Dörfer der Savanne. Über neunzig Prozent der Bevölkerung in dieser Region gelten als extrem arm. Seit 2010 läuft hier das Projekt »Honig der Savanne«. Anders als bei vielen anderen Entwicklungshilfeprojekten liegt der Vorteil für die Menschen nicht in ferner Zukunft. Wer Bäume pflanzt, der muss viele Jahre, wenn nicht Generationen warten, ehe er einen Vorteil daraus ziehen kann. Menschen, deren Bauch leer ist, haben diese Zeit einfach nicht, selbst wenn sie den Sinn der Aufforstung durchaus einsehen. Ein zu Holzkohle verarbeiteter Baum bietet dem Köhler ein Einkommen, dem Käufer der Kohle ein Kochfeuer und somit beiden die Aussicht auf eine warme Mahlzeit. So einfach lässt sich das Scheitern unzähliger Aufforstungsprogramme auf den Punkt bringen. Kaum sind die Entwicklungshelfer fort, fallen die jungen Bäumchen der Machete zum Opfer.

Die Ressourcenerschließung Honig verspricht den Menschen dagegen unmittelbare Hilfe. Sie können etwas Geld verdienen und zum Schleckern bleibt auch noch genug. Mittlerweile haben sich hundert Imkervereine mit rund zweitausend Mitgliedern gebildet. Zur Saison fahren Aufkäufer übers Land und zahlen für die Waben einen fairen Preis. Aufgeforstet wird mithilfe der Aktion »Waldaktie Savanne« trotzdem. Die durch die »Waldaktien« gepflanzten Bäume werden ausdrücklich weniger aus Gründen des Klimaschutzes gepflanzt, sondern sollen vor allem den Bienen als Heimstatt dienen, damit Honigjagd und Imkerei in der Savanne eine Zukunft haben.

Auch bei der Vermarktung hilft der DAZ. Anfangs wurden die Waben gestampft. Das Pollen-Wachs-Gemisch, das bei dieser Methode mit dem Honig in die Abfüllbehälter kam, erregte allerdings das Missfallen der einheimischen Kundschaft. Also ging man dazu über, die Waben nur anzuritzen und der Schwerkraft die Honigextraktion zu überlassen. Der auf diese Weise ausgetropfte Honig ist klar, rein und flüssig und entsprechend beliebt. 2016 lag die Produktion bei achtzehn Tonnen und konnte die Nachfrage nicht befriedigen. Die beim recht ineffektiven Austropfen anfallenden Reste werden übrigens zerkleinert und der Schulspeisung zugeführt. Sie sind süß und dank des Pollens sehr proteinreich.

Bei all diesem Licht gibt es allerdings auch ein wenig Schatten. Das schnelle Geld führt nämlich dazu, dass der Jagddruck auf die wilden Bienenvölker erheblich gestiegen ist. Auf der Honigjagd wird der wilde Bien während der »Ernte« in der Regel getötet. Seine Zahl nimmt daher kontinuierlich ab. Abhilfe soll hier ein Imkermeister schaffen, der eine Lehrimkerei aufbaut und durch Multiplikatoren das heutige Wissen nach Afrika trägt. »Brot für die Welt« hat die Stelle, im August 2016 europaweit ausgeschrieben. 2017 wurde endlich der passende Imker gefunden: Reiner Schäfer. Er hat schon im Vorfeld als Mitgestalter des Projekts gewirkt.

Wir treffen uns zu einem kurzen Informationsaustausch auf dem Gelände der Gesellschaft für Internationale Zusammenarbeit (GIZ). Schäfer ist seit über fünfunddreißig Jahren Imker und sagt: »Dass bei der Jagd getötet wird, ist besonders dann schwer zu akzeptieren, wenn es sich bei dem Wild um Bienenvölker handelt. In intakter Umwelt werden Wildbestände, auch die von Bienen, auf natürliche Weise wieder aufgefüllt. Ein gewisser Jagddruck ist also tolerierbar. Durch Entwaldung, Versteppung und pestizidbelastete landwirtschaftliche Nutzung gehen die Wildbestände der Bienen auch in vielen Teilen Afrikas stark zurück. So funktioniert die traditionelle ›Honigjagd‹ nicht mehr.«

Er sammelte seine Erfahrungen mit dem Bien unter anderem in Niederbayern, in Äthiopien und auf der Halbinsel Yucatán in Mexiko, wo er die Vorzüge der *africana* kennen und lieben lernte. Fotos seiner Fahrradreise in Sachen Imkerei, die ihn von Freiburg bis Dänemark führte, können auf der liebevoll gestalteten Webseite www.beetourist.de bestaunt werden. Reiner Schäfer freut sich auf die Jahre in Togo. Er ist kein Mann, der nach Selbstverwirklichung strebt, indem er den Afrikanern zeigt, wie »richtig« geimkert wird. Vielmehr möchte er die westafrikanische Herangehensweise an den Bien erst mal kennenlernen, ehe er sich Gedanken über eventuelle Optimierungen macht. Als Anhänger traditioneller Imkermethoden hält er nicht besonders viel von Honigschleudern und setzt auch auf Tropfhonig. Die Ausbeute bei dieser Methode liegt seinen Angaben nach bei ungefähr fünfundsiebzig Prozent.

Ein weiterer, allerdings kleinerer Malus liegt in dem Umstand, dass der Savannenhonig in Plastikeimerchen abgefüllt wird. Wer um die Plastikverseuchung Afrikas weiß, dem tut es im Herzen weh, dass es der DAZ aus Kostengründen noch nicht gelingen will, Glasgebinde nach Togo zu schaffen und dies mit der Einführung eines kleinen Pfandsystems zu verknüpfen. Unsere Hoffnung liegt hier auf dem neuen Mann Reiner Schäfer. Er teilt meine Abneigung gegen Honigtöpfe aus Plastik und hat schon Kontakte zu Glashandel und Industrie geknüpft, um dies nachhaltig zu ändern.

Stichwort Glas: Die allermeisten Glasgefäße landen bei uns nach einmaligem Gebrauch in der Tonne, obwohl sie hundertfach neu befüllt werden könnten. Recycling bedeutet bei Glas zuerst einmal die vordergründige Befriedung eines schlechten Gewissens. Ich hatte vor kurzem Gelegenheit, mich mit einem Lkw-Fahrer zu unterhalten, der die Glascontainer entleerte. Bei dem Gespräch kam heraus, dass in vielen Fällen die farbliche Trennung des Glases einfach nicht funktioniert und das Glas deshalb in der Deponie landet. Kein Wunder, habe ich doch mit eigenen Augen bereits gesehen, wie sämtliche, nach unterschiedlichen Farben getrennte Gläser und Flaschen im Bauch von ein und demselben Lkw zusammengekippt wurden. Und selbst wenn die Trennung geklappt hat und die alten Glasbehälter eingeschmolzen und zu neuen Glasbehältern werden, bedeutet dies einen wahnsinnigen Energieaufwand. Die Scherben müssen unter Einsatz von Öl und Gas auf 900 bis 1600 Grad Celsius erhitzt werden! Der entsprechend hohe Ausstoß von klimaschädlichem Kohlendioxid könnte vermieden werden, indem man die Behälter einfach spülte. Dies jedoch würde für die Glasindustrie Gewinneinbußen bedeuten. Sie scheint über äußerst geschickte Lobbyisten zu verfügen, die den Klimakiller Einwegglas konsequent aus jeglicher öffentlichen Diskussion heraushalten.

Auf meiner Afrikareise im Jahr 1990 lernte ich nicht nur den Geschmack von Savannenhonig schätzen. In Burkina Faso wurde mir zum ersten Mal der Wert eines Marmeladenglases bewusst.

Meine Frau und ich hatten in Marokko ein Glas köstlicher Aprikosenmarmelade erstanden. Diese begleitete uns, wohlverstaut im Kofferkasten unseres Strich-Achter-Mercedes, bei unserer Fahrt durch die Sahara. In Niamey, der Hauptstadt der Republik Niger, verkauften wir den Mercedes und bewegten uns fortan mit öffentlichen Verkehrsmitteln weiter. Das Marmeladenglas befand sich nun in meinem Seesack. Auf dem Weg nach Ouagadougou platzte unserem Bus der Reifen. Während der Busfahrer mit seinem Gehilfen den Reifen wechselte, schleckten meine Frau und ich im Schatten einer Akazie den letzten Rest Marmelade aus dem Glas. Da ich nicht einsah, das leere Glas weiter auf meinem Rücken durch die Hitze Afrikas zu schleppen, entschloss ich mich, es unauffällig einfach stehen zu lassen. Ich stellte dies recht geschickt an und tat, als wir wieder in den Bus stiegen, einfach so, als hätte ich es vergessen. Dabei unterschätzte ich allerdings die Aufmerksamkeit meiner Mitreisenden und bekam es prompt von einer älteren Dame hinterhergetragen. Nie werde ich die Verwunderung und die Freude in ihren Augen vergessen, als ich sagte, sie könne es behalten. Genauso wenig wie meine Beschämung darüber, dass ein Wegwerfprodukt unserer Industriegesellschaft solche Gefühle bei einem Menschen auszulösen vermag, dem der wahre Wert von Glas bewusst ist. Wer weiß, vielleicht brauchte die Dame das Glas mit dem Schraubdeckel, um darin ihren Savannenhonig ameisensicher aufzubewahren?

Mir jedenfalls war das Erlebnis eine Lehre. Brauche ich heute Honiggläser, so schlage ich der Glasindustrie ein Schnippchen und stelle neben unseren Altglascontainern die »Honigglasfalle« auf. Sie ist recht einfach konzipiert und besteht nur aus einer Gemüsekiste und einem hölzernen Schild, auf das ich mit einem Marker die Worte »HONIGGLÄSER« und »DANKE« geschrieben habe. Ich war selbst erstaunt, wie gut die Falle fängt. Anscheinend geht vielen Menschen das Wegwerfen von Wertgegenständen auf die

Nerven, sodass sie die kleine, private Recyclingaktion gerne unterstützen. Die schiefen Blicke, die ich beim regelmäßigen Kontrollieren der Falle ernte, ertrage ich mit Fassung. Müllverwertende Menschen mögen in den Augen vieler zur niedrigsten Kaste unserer Gesellschaften gehören. Aus ethischer Sicht heraus finde ich ihr Treiben sinnvoller als manchen Managerposten.

Kehren wir dem Scherbenhaufen unserer skrupellosen Verpackungsindustrie den Rücken und begeben uns zurück auf den schwarzen Kontinent, wo Bienen nicht nur durch Honig und Bestäubung für volle Mägen bei den Kleinbauern sorgen. Die beste Bestäubung taugt nichts, wenn die daraus resultierenden Feldfrüchte in den Mägen von Elefanten landen. Dies führt zu Konflikten, die in vielen Fällen für Mensch und Tier tödlich enden. Sogar von einem Krieg ist die Rede. Die Organisation »Save the Elephants« hat ein hochwirksames Verfahren ermittelt, das hilft, den Konflikt zwischen Mensch und Elefant zu entschärfen: den Bienenzaun. Elefanten, die größten Landsäuger der Welt, haben einen Heidenrespekt vor den kleinen Insekten. Denn Bienen wissen um den empfindlichen Punkt der Dickhäuter und greifen deshalb bevorzugt die Rüsselspitze an. Wissenschaftler hängten im Auftrag von »Save the Elephants« Lautsprecher in Bäumen auf, unter denen Elefanten sich regelmäßig versammeln. Hatte sich eine Gruppe Elefanten eingefunden, wurde sie mit dem Gesumme eines aufgebrachten Bienenschwarms beschallt – und ergriff prompt die Flucht.

Dieses Verhalten führte die in Afrika aufgewachsene Britin Dr. Lucy King zu der Idee, Bienenkisten im Abstand von circa zwanzig Metern an Drähten freischwebend um die Felder aufzuhängen. Stößt ein Elefant an diesen Draht und bringt damit die Beute in Schwingung, reagieren die Bienen entsprechend und schlagen die Erntediebe in die Flucht. Die Methode ist so effektiv, dass Lucy King sie nun auch in Asien erforscht, um die dortige Elefantenpopulation zu schützen. Aktuell ist sie in Sri Lanka und Indien unterwegs. Sowohl die Elefanten als auch die in Asien vorkommenden Bienenarten unterscheiden sich in einer ganzen Reihe von Aspekten von ihren afrikanischen Vettern.

Asien – von der Zwerg- bis zur Riesenhonigbiene

Asien beheimatet allein acht von insgesamt neun Arten der Gattung Honigbiene. Das Verbreitungsgebiet der Östlichen Honigbiene (*Apis cerana*) erstreckt sich von Nepal über Indien und China über ganz Südostasien bis nach Japan und Indonesien. Sie gilt als die ursprüngliche Trägerin der Varroamilbe. Jedoch kann das Verhältnis zwischen Wirt und Parasit als durchaus ausbalanciert bezeichnet werden. Die Östliche Honigbiene verdeckelt ihre Arbeiterinnenbrut kürzer als die westliche und kennt, im Gegensatz zu ihr, Verfahren, sich die Milben vom Leib zu putzen. Die Milbe befällt bei ihr nur die Drohnenbrut und richtet in den Völkern keinen nennenswerten Schaden an. Eine Behandlung gegen Varroa erübrigt sich.

Die Östliche Honigbiene weiß sich aber auch gegen einen anderen Gegner, die asiatische Riesenhornisse (*Vespa mandarinia*), trickreich zu verteidigen. Diese überfällt bei der Suche nach proteinreicher Nahrung die Bienenvölker und ist in der Lage, sie komplett auszulöschen. Bei einer Massenattacke sterben pro Minute bis zu vierzig Bienen. Zuerst fliegt eine Kundschafterin den Bienenstock an und hinterlässt eine Duftnote aus Pheromonen. Nun folgt der Rest der Nestgenossinnen und es beginnt das große Schlachten. Ihr dicker Chitinpanzer schützt die Raubinsekten dabei weitgehend vor den Abwehrstichen der Bienen. Um sich zu verteidigen, greift die Östliche Honigbiene daher zu einer im Tierreich einzigartigen Verteidigungsmaßnahme: Sie bildet eine »Hitzekugel«. Nähert sich ein Scout der großen Hornissenart, die knapp fünf Zentimeter groß werden kann, dem Bienenstock, so wird er blitzschnell von hunderten Bienen kugelförmig eingehüllt. Durch intensives Muskelzittern lassen die Bienen die Temperatur im Innern der Kugel auf für die Hornisse tödliche 45 Grad Celsius steigen. Die Bienen vertragen durch einen anderen Stoffwechsel, der wohl auch mit dem erhöhten Kohlendioxidgehalt innerhalb der Hitzekugel zusammenhängt, eine Temperatur von 50 Grad. Nicht alle Verteidigerinnen überleben diesen Abwehrkampf, da die Hornisse ihn natürlich nicht ohne Stechversuche über sich ergehen lässt. Trotzdem gilt: Ist der Kundschafter ausgeschaltet, so ist die Gefahr für das Volk fürs Erste gebannt.

Apis cerana ist sanft und pflegeleicht, weshalb sie als die ideale Bauernbiene gilt. Man hält sie traditionell in Klotzbeuten, zur Ertragssteigerung mittlerweile aber mehr und mehr im Magazin. So auch in China, wo etwa ein Viertel des Honigs unseres Planeten produziert wird. Von Archäologen wissen wir, dass die Imkerei im Reich der Mitte etwa tausend Jahre später als bei den Ägyptern ihren Anfang fand. Sie blickt also auf eine viertausend Jahre alte Tradition zurück.

In den Wäldern des karstigen Shennongjia-Gebirges treibt der Yeren sein Unwesen. »Yeren« bedeutet auf Chinesisch »wilder Mann«. Der chinesische Vetter von Yeti und Bigfoot belebt seit etwa zweitausend Jahren die Phantasie der Menschen in diesem abgelegenen Gebiet Zentralchinas, das auch für seine guten Honigtrachten berühmt ist. An verschiedenen Felswänden Shennongjias kann der Reisende eine besonders pittoreske Form traditioneller chinesischer Imkerei bestaunen. Zu Hunderten hängen hier die aus Brettern gefertigten Kisten und warten darauf, Bienen anzulocken. Nehmen diese das Wohnraumangebot an, so werden sie im Stabilbau bewirtschaftet und tragen einen Honig ein, von dem der Yeren sicher gerne naschen würde.

Der begehrteste Honig allerdings wird im Tian-Shan-Gebirge an der Grenze zu Kirgisistan geerntet. Da er die besten Preise bringt, lockt er imkernde Glücksritter mit ihren Völkern aus ganz China in die Region. In dem bewegenden Film »The Bee Travellers«, einer Produktion des kanadischen Senders Equator HD aus dem Jahr 2006, begleitet die Kamera einen Vater und seinen Sohn, die mit ihren über hundert Völkern in Lkws und auf Güterwaggons Tausende von Kilometern zurücklegen, um an das süße Gold zu gelangen. Leider bringt die Kamera den beiden kein Glück, eine Katastrophe jagt die nächste. Am Ende müssen die beiden verkaufen, was ihnen an Völkern übrig geblieben ist, um überhaupt die Rückfahrt antreten zu können. Anstatt wie die Nachbarn aus dem Erlös einer einzigen Ernte ein neues Haus bauen zu können, kehren sie ohne einen Yuan in der Tasche nach Hause zurück.

Die weltweit hohe Nachfrage nach Honig fördert in China eine industrielle Bienenhaltung, die vor allem auf Masse setzt. Es entzieht sich meiner Kenntnis, warum niemand der sicherlich hohen Anzahl chinesischer Imker den Apfelbauern der Provinz Sichuan zur Blütezeit den Bestäubungsservice seiner Völker anbietet, sodass Menschen mit feinen Pinseln diese Aufgabe übernehmen müssen. Walter Haefeker jedenfalls, der Präsident des europäischen Berufsimkerverbandes (EPBA), reiste 2016 auf Einladung der China Bee Products Industry Conference (CBPIC 2016) nach Chengdu, der Hauptstadt Sichuans, und schrieb im Anschluss einen Artikel für das Fachmagazin *Bienenfreund*, der die dortigen Verhältnisse in keinem guten Licht erscheinen lässt. Während er mit schmerzenden Lungenflügeln in dem toxischen Feinstaub-Abgas-Cocktail der Vierzehn-Millionen-Metropole um Luft ringt, verdächtigt er seine Gastgeber, ihren Honig mit Reissirup zu strecken. Und er sagt, dass chinesischer Honig oft aus Zeitdruck mit zu hohem Wassergehalt geschleudert werde. Die unvermeidlich folgende Gärung werde mit thermischen Verfahren beseitigt. Mit anderen Worten: Der Honig wird, ohne Rücksicht auf eventuell gesunde Vitamine oder Enzyme, gnadenlos gekocht, bis er die nötige Dicke erreicht hat.

Wer den Bien und sein süßes Produkt so schändlich behandelt, der schreckt auch vor anderen Methoden nicht zurück. Um Kontingentregelungen zu umgehen, wird chinesischer Honig hin und wieder umdeklariert und unter der Flagge irgendwelcher Staaten, die noch nie durch eine sonderlich große Honigproduktion aufgefallen sind, Richtung Westen geschippert. Stichwort: Honigwäsche. Der bislang spektakulärste Fall spielte sich in den USA ab. Nach Ermittlungen des amerikanischen Zolls wurden 2010 fünfzehn Manager deutscher und chinesischer Herkunft in den Vereinigten Staaten wegen Honigschmuggel angeklagt. Der Schaden für den amerikanischen Fiskus lag bei 80 Millionen Dollar.

Doch Asien ist groß und seine Phänomene in Sachen Bien sind vielfältig. Lenken wir unsere Aufmerksamkeit auf den zweiten asiatischen Riesen, Chinas Nachbarn Indien, und nehmen wir uns die Zeit, einen Blick auf die Riesenhonigbiene (*Apis dorsata*) zu werfen. Sie ist nach der Kliffhonigbiene (*Apis laboriosa*) die zweitgrößte Honigbienenart, eine Arbeiterin erreicht ungefähr die Ausmaße einer europäischen Hornisse. Beide Arten bauen offene Nester unter den Ästen eines Baumes, die aus einer einzigen Wabe mit Ausmaßen von über einem Meter bestehen. Diese Bäume werden von den Einheimischen als »Bienenbäume« verehrt, mit kleinen Schreinen geschützt und vor Fremden geheim gehalten. Sie können mehrere Dutzend der gigantischen Waben beherbergen. Die Bienen bleiben solchen Baumfreunden viele Jahrzehnte lang treu, selbst wenn in der Nähe jede Menge andere, nahezu identische Bäume wachsen. Die freihängenden Waben werden mit einer lebendigen Schutzschicht aus Bienenkörpern vor Feinden und Witterung geschützt und außerdem temperiert.

Neben ihren Stacheln hält die Riesenhonigbiene noch eine zweite Abwehrwaffe gegen Fressfeinde parat, die allein auf optische Abschreckung setzt. Nähert sich etwa eine Hornisse, so beginnt das Bienenvolk, verwirrend wellenförmig, linien- und spiralförmig zu flimmern. Dafür klappen die Tiere nacheinander Flügel und Hinterleiber um. Der Effekt sieht wahrhaft bedrohlich aus. Wehe dem, der die Warnung missachtet. Er wird zum Angriffsziel der Wächterbienen. Es gibt allerdings jemanden, den die Warnung nicht sonderlich zu beeindrucken braucht. Der Blaubartspint, ein Vogel aus der Familie der Bienenfresser, hat aus der Not eine Tugend gemacht und nutzt die Aggressivität der Riesenhonigbiene bei seinem etwas ausgefallenen Jagdverhalten. Er fliegt einfach immer wieder bis ganz nah an die Nester heran und lässt sich absichtlich stechen. Die Stacheln können sein dichtes Gefieder jedoch nicht durchdringen, die Bienen bleiben sogar daran hängen. Hat er genug Bienen an seinem Körper angesammelt, so fliegt er auf einen Ast in sicherem Abstand zu den Bienenbäumen und zieht sich die dicken Brummer einen nach dem anderen aus den Federn, streift den Stachel ab und verputzt sie in aller Seelenruhe.

Riesenhonigbiene und Kliffhonigbiene sind die »Zugvögel« unter den Bienen. Im Norden Indiens besiedelt die Riesenhonigbiene zwischen November und April die Bergwälder des Himalayas. Ihr Nahrungsbedarf ist dabei beträchtlich. Eine einzige Biene kann am Tag bis zu zwanzig Gramm Nektar eintragen! Mit den einsetzenden Monsunregenfällen sinken das Blüten- und somit auch das Nahrungsangebot für die Tiere unter eine kritische Schwelle. Dann fressen die Bienen sämtliche Honigvorräte auf und machen sich mit vollen Honigmägen auf die Wanderung nach Süden in die Sümpfe des Brahmaputra. Dabei fliegen sämtliche Kolonien eines Bienenbaums in einem gewaltigen Schwarm auf einmal los. Der große Schwarm teilt sich danach jedoch in mehrere Untergruppen. Zurückgelassen werden die Waben, an denen Affen und

Vögel nach Brutresten suchen und die der Mensch gerne aberntet, um des wertvollen Wachses habhaft zu werden. So wird Platz geschaffen an den Bienenbäumen, was der Riesenhonigbiene zugutekommt – denn keine Wabe wird wiederbesiedelt.

Etwa drei Wochen dauert die Wanderung, immer unterbrochen von einigen Tagen Rast, in denen sich die Bienen irgendwo einnisten, um neue Nahrung und Kraft für die Weiterreise zu sammeln. Gerne suchen sie sich dafür menschliche Behausungen aus. Für die Bewohner ist das nicht ungefährlich. Wer sich den ungebetenen Gästen nicht mit der gebotenen Vorsicht nähert, der riskiert, von ihnen umgebracht zu werden. Meist ziehen die betroffenen Menschen daher zu Nachbarn oder anderen Familienmitgliedern und warten einfach ab, bis der Spuk vorbei ist. Denn weiterreisen werden die Riesenhonigbienen ganz sicher, bis sie am Brahmaputra wiederum an speziellen Bienenbäumen zusammentreffen, um dort die Sommermonate zu verbringen. Ein Rätsel bleibt, wie sie diese Bäume finden können. Keine Arbeiterin lebt lange genug, um sich an die Hin- beziehungsweise Rückreise erinnern zu können. Die Königin jedoch beteiligt sich nicht an den Erkundungsflügen, und selbst junge Königinnen, die die Reise noch nie zuvor angetreten haben, finden die Bienenbäume stets zielsicher.

Die Honigjagd auf die Riesenwaben fordert dem Jäger bei meist unzureichender Schutzkleidung eine Menge Mut und vor allem sehr ruhige Bewegungsabläufe ab. Wen die Hast überkommt, der kann sein Verlangen nach dem süßen Inneren der Waben schnell mit dem Leben bezahlen.

Wie die größten Vertreter der Honigbienen, so bauen auch die kleinsten ihre Einwabennester offen an einem Stück Holz und schützen sie mit ihren Körpern. Die Zwergbuschbiene (*Apis andreniformis*) ist die kleinste Vertreterin der Gattung und kommt in Südostasien und auf Borneo vor. Die Zwerghonigbiene (*Apis florea*) ist nur wenig größer, ihr Verbreitungsgebiet reicht von Indonesien bis an den Persischen Golf. Die Stacheln der Zwerghonigbienen sind zu klein, als dass sie die menschliche Haut durchdringen könnten. Die Jagd nach den etwa handtellergroßen, meist gut versteckt im Gebüsch gelegenen Nestern ist also nicht sonderlich gefährlich – die Jagdbeute allerdings auch recht bescheiden.

Australien – das Land, wo der Honig fließt?

Australien soll die letzte Station unserer Reise sein durch die vielfältige Welt der Mensch-Bien-Symbiose. Auch hier ist die Honigbiene kein heimisches Insekt, sondern wurde von den weißen Siedlern mitgebracht. Der Neobiont verursacht in Down Under jedoch, anders als das beispielsweise das Kaninchen oder die Aga-Kröte, keine Schäden im sensiblen einheimischen Ökosystem. Jedenfalls sind mir keine bekannt.

Ähnlich wie in Mexiko kannten auch die australischen Ureinwohner bereits vor der für sie verhängnisvollen Ankunft des weißen Mannes den Genuss von Honig. Der honigjagende Aborigine wendet seinen Blick jedoch nicht gen Himmel, um von einer heimfliegenden Biene zu ihrem Stock geführt zu werden, sondern auf den Boden, wo er die Wege der Honigameise zu ihrem unterirdischen Bau verfolgt. Das soziale Insekt beschäftigt stets eine gewisse Anzahl Arbeiterinnen mit dem angenehmen Job, sich einfach mit den Vorderbeinen an die Decke des Baus zu hängen und darauf zu warten, von den Kolleginnen mit Nektar versorgt zu werden. Diesen sammelt sie als Honig in ihrem zu einer großen Blase vergrößerten Unterleib. Sie sind also quasi lebende Vorratsbehälter. Gibt es dann einmal nicht ausreichend Blüten in der Umgebung, so zapft der hungrige Rest des Ameisenvolkes den Honig aus den Honigblasen und übersteht so die nektarlose Zeit. Die Aborigines nun graben seit jeher diese Ameisenbauten auf und lutschen die kleinen Gesellen leer, was bestimmt sehr lecker ist.

Auch stachellose Bienen kommen vor. *Tetragonula carbonaria* wird von den Einheimischen *sugarbag bee* genannt. Sie kommt an der Nordostküste vor. Ihre süßen Vorräte werden ebenfalls von den Honigjägern der Aborigines nicht verschmäht, am liebsten essen sie direkt das ganze Nest auf. Gemeinsam mit einer anderen, häufig vorkommenden Art, *Austroplebeia australis,* wird die *sugarbag bee* auch in bescheidenem Umfang zum Imkern herangezogen. Die meisten Leute halten die Bienen jedoch nicht um des Honigs willen, sondern um den Insekten und den von ihrer Bestäubung abhängigen Pflanzen in einer zunehmend unwirtlich werdenden Umwelt zu helfen – verursacht durch den Menschen.

Die Westliche Honigbiene erreichte im Jahre 1822 auf dem Sträflingsschiff *Isabella* den australischen Kontinent – gemeinsam mit einer Schiffsladung Sträflinge. Sie fand dort Bedingungen vor, die sie in Sachen Honigproduktion zu Höchstleistungen anstachelte. In Australien gibt es keinen Winter im eigentlichen Sinne. Die Bienen können also theoretisch das ganze Jahr über Nektar sammeln. Damit das auch in der Praxis klappt, wird mit ihnen intensiv gewandert. Bis zu zwanzig Mal im Jahr befördern australische Imker ihre Tiere den lohnenden Trachten hinterher. Ein weiterer, für die Honigproduktion förderlicher Umstand liegt in der Tatsache, dass circa siebzig Prozent der in Australien vorkommenden Bäume aus der artenreichen Gattung der Eukalypten besteht. Eukalyptusbäume können in vielerlei Hinsicht sehr unterschiedlich sein. Unter den rund sechshundert Arten gibt es große und kleine, schnell und langsam wachsende; Arten mit weichem und andere mit hartem, dauerhaftem Holz. Die Bäume setzen nicht allein auf Insektenbestäubung, sondern haben im Laufe der Evolution gelernt, auch andere Tiere für diese Dienstleistung zu gewinnen. So finden sich auf der Liste der Eukalyptus bestäubenden Arten auch Vögel und sogar Säugetiere wie Fledermäuse und Beutelratten. Diese geben sich im Gegensatz zu den viel kleineren Insekten jedoch nicht mit Miniportionen Nektar zufrieden. Wenn sie eine Blüte ansteuern, muss es sich lohnen. Entsprechend gewaltig sind die Nektarmengen, die von den Eukalyptuswäldern gebildet werden. In Westaustralien liegt der durchschnittliche, jährliche Ertrag pro Volk denn auch bei knapp hundert Kilogramm Honig! Es gibt bereits Stimmen aus dem Kreis der Verbrennungsmotorenthusiasten, die verlangen, dass australischer Honig zur Produktion von Biosprit herangezogen wird …

Die fehlende, gemeinsame evolutionäre Geschichte von Honigbiene und Eukalypten führt auf der anderen Seite dazu, dass Eukalyptuspollen für die Westliche Honigbiene wertlos ist. Die Zusammensetzung bestimmter Aminosäuren und Rohproteine unterscheidet sich so grundlegend von denjenigen europäischer oder asiatischer Arten, dass die Bienen ihre Brut damit nicht anständig füttern können. Eine Auswahl ebenfalls aus Europa eingeschleppter Wild- beziehungsweise Unkräuter hilft, diesen Mangel zu beheben.

Ein letzter Punkt, der sich günstig auf das Imkern im Kängurukontinent auswirkt, ist momentan noch das vollständige Fehlen der Varroamilbe *Varroa destructor*. Jedoch wurde im Jahr 2016 erstmals das Vorkommen von *Varroa jacobsoni* auf verwilderten Völkern im Bundesstaat Queensland festgestellt. Diese Milbe gilt zwar als weniger gefährlich. Dennoch wird versucht, ihrer mit aufwendigen Quarantänemaßnahmen Herr zu werden. So sind es dann auch die internationalen Seehäfen, die Australiens Bienenhaltern die meisten schlaflosen Nächte bereiten, da immer die Gefahr besteht, dass ein mit Varroa infiziertes Bienenvolk als blinder Passagier an Bord eines Schiffes aus Asien, Europa oder Nordamerika mitreist. Sichtungen von wilden Bienenvölkern in Hafennähe sind meldepflichtig.

Obwohl natürlich auch australische Landwirte gerne zur Giftdusche greifen, ist das Imkern mit der Westlichen Honigbiene in

Beuten vor dem Einsetzen der »Bienenflucht«. Die Bienenflucht erleichtert die Honigernte und funktioniert umgekehrt wie eine Fischreuse: Die Bienen finden raus aus dem Honigraum, aber nicht wieder zurück. Setzt man die Bienenfluchten am Abend vor der Honigernte ein, findet man am Morgen einen angenehm verlassenen Honigraum vor, weil jede Arbeiterin im regelmäßigen Abstand den Kontakt zu der Königin im Brutraum sucht.

Australien wegen der genannten Punkte immer noch ein weniger problematisches Geschäft als im Rest der Welt. Dies mag auch daran liegen, dass die für die intensive Landwirtschaft geeigneten Flächen, gemessen an der Größe des Kontinents, relativ klein sind.

Man kann vermuten, dass es diese Unkompliziertheit war, welche die Entwicklung der neuesten Innovation in Sachen Bienenhaltung begünstigt hat. Die Rede ist vom »Flow Hive«. Ein Dreh am Honighahn – und schon läuft der süße Saft durch einen Plastikschlauch aus der Kiste heraus in das Honigglas. Kein Schleudern ist mehr nötig, keine Bienenflucht, kein stressiges Abfegen von stechwütigen Insekten, die nicht einsehen wollen, dass man ihnen den Ertrag unzähliger Arbeitsstunden stehlen will. Nie war Honigernte so einfach. Die Beraubten begreifen kaum, wie ihnen geschieht – so jedenfalls lautet das vollmundige Versprechen der Erfinder, dem Vater-Sohn-Gespann Stuart und Cedar Anderson. Dank eines genialen Marketingkonzepts, das mit Schlagwörtern wie »Weniger Arbeit – mehr Liebe« oder »Es muss einen anderen Weg geben!« die simplen Gemüter nicht bienenkundiger Laien in Wallung versetzt, gelang es ihnen, über die sozialen Netzwerke binnen kürzester Zeit im Crowdfundingverfahren gewaltige Geld-mengen für ihr Start-up-Unternehmen einzusammeln. Wer auf die Internetseite der Familie Anderson geht, der sieht unter einem Foto von dem mit Gattin Kylie und der neugeborenen Tochter Jarli im Wochenbett liegenden Cedar die nackten, neiderwecken-den, beeindruckenden Zahlen. Innerhalb der ersten fünfzehn Mi-nuten gingen 250 000 Dollar ein. Mittlerweile ist der internetge-nerierte Geldstrom auf über vier Millionen angeschwollen. Andere Quellen berichten bereits von zwölf Millionen, Stand 2017. Dabei ist der »Flow Hive« keinesfalls ein Schnäppchen. Die Standardver-sion kostet 629 US-Dollar.

Der Kern der neuartigen Betriebsweise besteht aus sieben in sich beweglichen Plastikwaben, die von den Bienen mit Honig ge-füllt werden. Über ein Fensterchen kann man die Fortschritte beim Verdeckeln beobachten und so den Zeitpunkt der Ernte ter-minieren. Mittels eines Hebels bewegt man nun diese Plastikzellen dergestalt, dass der Honig aus ihnen heraus in einen Auffangbehäl-ter und von dort aus werbewirksam in das Honigglas fließt. Auf Youtube-Filmchen sieht man die mittlerweile zu einer Dreijähri-gen herangewachsene Jarli ihre kleinen Kinderfinger unter den Zapfhahn halten. So schön, so einfach, so tierfreundlich kann Bie-nenhaltung sein. – Oder doch nicht?

Wer sein Produkt mit einer derart intensiven Zurschaustellung seiner Privatsphäre bewirbt, der erregt beinahe automatisch mein Misstrauen. Tatsächlich ist der »Flow Hive«-Hype vor allem bei jenen Menschen besonders ausgeprägt, die wenig oder überhaupt keine Ahnung vom komplexen Wesen des Biens und seiner Haltung haben. Man muss bei dem Werbefilm der Andersons nur ein wenig genauer hinsehen und schon fällt einem auf, dass der Honig, der da so großzügig in die offenen Gläser strömt, aus einem »Flow Hive« stammt, aus dem vor der Aufnahme die Bienen entfernt wurden. Jeder, der auch nur die geringsten Erfahrungen mit der Honigernte gesammelt hat, lernt als allererstes, dass der Duft von offenem Honig eine geradezu magnetisierende Wirkung auf sämtliche Bienen der näheren und weiteren Umgebung ausübt. Ein Honigleck in unmittelbarer Umgebung des Stocks, wie im Filmchen gefeiert, würde innerhalb von Sekunden auffallen und entsprechend angeflogen werden. In ehrlicheren Aufnahmen fließt der Honig durch Löcher in Schraubdeckel, in die passgenau der Plastikschlauch eingelassen wird. Deckel mit Löchern gehören also zum Equipment.

Der nächste, naheliegende Kritikpunkt betrifft das für den »Flow Hive« verwendete Material Plastik. Die patentgeschützten »Flow«-Waben bestehen aus dem Stoff, den ich schon an anderer Stelle als für unseren Planeten schädlich gegeißelt habe. Hierin liegt das entscheidende Paradox des »Flow Hive«: Naturbegeisterte Menschen sollen ihren Beitrag zur Rettung der Erde ausgerechnet dadurch erbringen, dass sie auf ein System setzen, dessen wichtigster Bestandteil aus Plastik besteht. Selbst wem unser Planet herzlich egal ist, sollte schon zum Selbstschutz auf den schädlichen Stoff verzichten, da Plastik gefährliche Weichmacher enthält, die in den Eingeweiden des »Flow« unweigerlich in den Honig entweichen. Sie greifen in den Hormonhaushalt ein und können im menschlichen Organismus für Krebs und Unfruchtbarkeit sorgen.

Bei meiner Betriebsweise jedenfalls kommt der Honig zu keiner Zeit mit Plastik in Berührung. Ich schleudere ihn mit einer Schleuder aus lebensmittelechtem Edelstahl und lagere ihn in großen Weckgläsern.

Wer sich weiterhin Gedanken über den Bien als Gesamtorganismus macht und, wie eingangs beschrieben, die Waben als ein Körperteil desselben begreift, vergleichbar mit der Gebärmutter und den Fettreserven bei Säugetieren, der kommt nicht umhin, die Plastikversion als künstliches Organ zu betrachten.

Eine ganze Reihe weiterer Fragen werden durch die »Flow Hive«-Betriebsweise aufgeworfen. Beispielsweise diese: Wie schnell merken die Bienen, dass hinter den sorgfältig verdeckelten Zellen kein Honig mehr vorhanden ist? Interessant ist dieser Gesichtspunkt nicht nur wegen der Frage, wann denn der »Flow« das nächste Mal aktiviert werden kann, sondern auch deshalb, weil ein fertig verdeckelter Honigraum den Schwarmtrieb begünstigt. Schwärmen Bienen, die im »Flow Hive« gehalten werden, demnach auch bei in Wahrheit leerem Honigraum?

Bienenwachs besteht aus über dreihundert chemischen Komponenten, die Einfluss auf die Reifung des Honigs nehmen können. Da Wachs zu den Fetten zählt, entzieht er dem Honig auch Giftstoffe. Außerdem dient er als Resonanzträger im Stock und hilft den Tieren bei der Weitergabe akustischer Signale. Dies alles kann Polypropylen nicht leisten.

Nicht zuletzt werden die »Flow Hive«-Käufer einerseits über die Schwierigkeiten des Imkerns im Dunkeln gelassen, andererseits wird ihnen die Faszination des Stocklebens vorenthalten. Wer denkt, für den eigenen Honig nur noch an einem Hebel drehen zu müssen und die Bienen den Rest besorgen lassen zu können, den wird die Natur sehr schnell eines Besseren belehren. Auch die Bienen im »Flow« benötigen die Schwarmkontrolle, sonst schwärmen sie. Da reicht nicht der gelegentliche Blick durch das kleine Sichtfenster. Davon ist in der aufwendigen Werbekampagne natürlich keine Rede.

Vielleicht gibt es kein besseres Sinnbild für die Entfremdung des Menschen von der Natur – die gleichzeitig eine Entfremdung von sich selbst ist – als den Erfolg des »Flow Hive«. Dieses Patent macht gewiss die stets in sämtliche Kameras lachende Anderson-Familie glücklich, nicht jedoch den Herrn Bien oder seine ernsthaften Hüter unter den Menschen.

4
Biens wilde Schwestern und das Geschäft mit ihren Bestäubungsdiensten

Auf der Welt existieren nach moderner Schätzung zwischen zwanzig- und dreißigtausend verschiedene Bienenarten. Gemeinsam mit Wespen und Ameisen werden sie zur Ordnung der Hautflügler (*Hymenoptera*) gerechnet. Das Wort Wildbiene ist ein Sammelbegriff für alle Bienenarten, außer den Honigbienen. Bei den von den Maya domestizierten Stachellosen (*Melipona*) wird die Begrifflichkeit schwierig. Man kann das Wort Wildbiene jedoch ohne weiteres auf die Hummeln (*Bombus* beziehungsweise *Bombini*) anwenden. Von denen gibt es weltweit etwa zweihundertfünfzig Arten, von denen die meisten in den kühleren Regionen der Nordhalbkugel vorkommen. Man rechnet sie zu den Stechimmen, denn sie haben genau wie die Bienen einen Stachel. Sie setzen den Stachel, wie die Honigbiene, für die Verteidigung ihres Nestes ein. Ansonsten sind sie derart sanftmütig, dass sie erst stechen, wenn man etwa barfuß auf sie tritt. Der Klassiker unter diesen Unfällen geschieht auf Wiesen mit blühendem Klee.

Die meisten Hummeln leben, genau wie Wespen oder Hornissen, auf einer Zwischenstufe von parasozial und eusozial. Eusoziale Wesen entwickeln komplexe Sozialstrukturen innerhalb ihres Staates mit verschiedenen Kasten, die sich auch morphologisch voneinander unterscheiden. Dies trifft auf Honigbienen und Ameisen zu. Ein wesentliches Merkmal, das die parasozialen Hautflügler von ihren eusozialen Verwandten unterscheidet, ist in unseren

Breiten der Umstand, dass bei ersteren lediglich die Königin überwintert, während bei den anderen das ganze Volk dies tut. So kann die Lebensspanne eines eusozialen Volkes mehrere Jahre betragen, während bei den Parasozialen nach einer Saison Schluss ist. Hummelvölker können, je nach Art, zwischen fünfzig und sechshundert Individuen umfassen.

In Europa kommen siebzig verschiedene Hummelarten vor, von denen sechsunddreißig in Deutschland angetroffen werden. Davon wiederum stehen sechzehn auf der Roten Liste der vom Aussterben bedrohten Tierarten. Am häufigsten kommt bei uns die Dunkle Erdhummel *(Bombus terrestris)* vor. Wenn wir über Hummeln reden, denken wir in der Regel an sie. Ihr wollen wir auch unser Hauptaugenmerk widmen, denn ihre wertvollen Bestäuberdienste sind längst von der Landwirtschaft entdeckt worden und haben zur Entstehung einer wahren »Hummelindustrie« geführt, ohne die etwa der Tomatenanbau unter Glas oder Folie heutzutage undenkbar wäre. Doch bevor wir von der kommerziellen Nutzung unseres *Bombus* berichten, werfen wir einen kurzen Blick auf den Lebenszyklus dieser engen Verwandten unserer Honigbiene.

Die im Spätsommer geschlüpfte, junge Hummelkönigin überwintert unter der Erde. Zur Thermoregulierung produziert sie in ihrem Körper als natürliches Frostschutzmittel Glycerin. Schon bei recht niedrigen Temperaturen, um 6 Grad Celsius, verlässt die Hummelkönigin ihr Winterquartier und begibt sich auf die Suche nach Nektar und Pollen. In einem alten Mauseloch beginnt sie, ihr Nest zu bauen. Dem fehlt die Symmetrie einer Honigbienenwabe. In aufrecht stehenden, rundlich urnenförmigen, zu Haufen angeordneten Zellen legt die Königin ihre Eier auf einer Mischung aus Nektar und Pollen, die Bienenbrot genannt wird. Während der Nachwuchs die verschiedenen Stadien der Metamorphose durchläuft, wird er gefüttert und bebrütet. Dabei können im mit Gräsern, Haaren, Moos und einer Schicht Wachs isolierten Hummelnest Temperaturen von bis zu 38 Grad erreicht werden, konstant herrschen dort zwischen 30 und 32 Grad Celsius, selbst bei Frost. Die Hummelkönigin erreicht dies durch das Zittern ihrer Flugmuskulatur. Bei drohender Überhitzung in der warmen Jahreszeit kühlen die Hummeln das Nest mit Flügelschlägen herunter. Hummeln gehören also genau wie Honigbienen zu den wenigen der Wechselwärme fähigen Insekten. Sie mögen die gemäßigten Breiten. In den Tropen wird es ihnen schnell zu heiß.

Hummelköniginnen bauen Honigtöpfchen aus Wachs, die denen der Stachellosen Biene ähneln. Wärmeerzeugung ist eine energieintensive Angelegenheit, und der Brennstoff heißt wieder einmal Honig. Eine brütende Königin setzt sich gerne in die Nähe des Honigtöpfchens, sodass sie bei Bedarf einfach nur ihren langen Rüssel auszufahren braucht und auftanken kann. Nach der Larvenphase verpuppen sich die kleinen Hummeln, und die Königin legt noch einmal Eier, die sie ebenfalls ausbrütet. Danach verlässt sie das Nest nicht mehr, bis sie stirbt. Ihre Töchter kümmern sich um die Futterbeschaffung, während sie sich ausschließlich der Brutaufzucht widmet. Bis zum Juli unterdrückt ein Pheromon die Bildung von Ovarien in der Brut. Es schlüpfen ausschließlich Arbeiterinnen. Sobald die Königin die Produktion des Pheromons einstellt, fängt sie an, sowohl befruchtete als auch unbefruchtete Eier zu legen. Aus den unbefruchteten schlüpfen die Drohnen, aus den befruchteten die jungen Königinnen. Eine Königin lebt zwölf Monate, eine Hummelarbeiterin etwa zwei bis drei Wochen, Drohnen ebenfalls nur wenige Wochen. Aus einem Volk können rund hundert Königinnen und mehrere hundert Drohnen schlüpfen. Der Sinn dieser Geschlechterverteilung ist eine Frage, die von der Wissenschaft noch nicht beantwortet werden kann. Jungköniginnen und Drohnen verlassen nach wenigen Tagen jedenfalls das Nest. Es beginnt der Herbst des Hummelvolks. Arbeiterinnen sterben weg, ohne dass neue entstehen. Futter wird knapp. Im September stirbt das Hummelnest ab.

Hummeln verfügen nicht über die Tanzsprache der Bienen, können also keine Informationen mit genauen Ortsangaben vermitteln. Trotzdem sind sie in der Lage, Hinweise über lohnende Trachten an ihre Nestgenossinnen weiterzugeben. Haben sie eine gefunden, so geben sie den anderen im Nest Geschmacksproben und verbreiten eine solche Aufregung, dass bald schon eine ganze Gruppe losfliegt und sich auf die Suche macht. Dabei behalten die Tiere einander genau im Auge, bis die Futterquelle gefunden ist.

Wenn *Bombus* sich über eine Blüte hermacht, schreitet sie recht robust zu Werke. Sie schüttelt sie ordentlich durch und fängt mit ihrem Pelz den Pollenregen auf. Im Flug fegt sie den Pollen an ihre Hinterbeine. Nun zurück zur Tomate: Gerade dieses »Vibrationssammeln« mag diese Pflanze. Bis in die neunziger Jahre vertraute man in den Gewächshäusern der Welt auf elektrische Bestäubungsgeräte, die von Arbeitern bedient werden mussten. Die Methode war nicht nur aufwendig und teuer, sie war auch ineffektiv. Von Hummeln befruchtete Blüten hingegen fruchten zuverlässiger. Die Früchte sind besser in der Qualität und auch haltbarer.

Bombige Geschäfte

Im Jahre 1985 stellte der belgische Tierarzt und Hobbyinsektenkundler Roland de Jonghe ein Nest Hummeln in einem Gewächshaus auf – und war begeistert über die Bestäubungsleistung. Zwei Jahre später gründete er die Firma Biobest. Vor allem die Dunkle Erdhummel lässt sich leicht züchten. Die Forschung in Sachen Hummelzucht war in den Siebzigern so weit fortgeschritten, dass Entomologen bereits komplette Hummelvölker künstlich durch eine komplette Saison bringen konnten. Die neuen Königinnen halten sich, entsprechend ihres natürlichen Lebenszyklus, monatelang im Kühlschrank. Diese Lagerfähigkeit erleichtert ihre Vermarktung enorm. De Jonghes Hummeln platzten so in eine gewaltige Marktlücke. Bald schon exportierte er seine Tiere in die Nachbarländer Holland und Frankreich. In den Neunzigern setzte sich die Hummelbestäubung auch in den USA, Kanada, Israel, Marokko und Japan durch. Seit der Jahrtausendwende ist sie weltweit Standard und damit zu einem Millionengeschäft geworden. Biobest gilt nach wie vor als Marktführer, dicht gefolgt von den niederländischen Firmen Koppert Biological Systems und Bunting Brinkman Bees. In Deutschland gibt es einen einzigen Hummelzüchter, Rüdiger Schwenk mit seiner Firma STB Control in Aarbergen im Taunus (siehe dazu Kapitel 10).

Wer in seinen Gewächshäusern Hummeln anstellt, der reduziert chemische Insektizide auf ein Minimum – denn sie können auch die Hummeln töten. Hummeln haben die Bedingungen dort also bedeutend ungiftiger gemacht und damit auch das Gift auf unseren Tellern reduziert. Man setzt dort auf die natürlichen Insektenfeinde. Das ist nicht immer ganz unproblematisch. Wenn zum Beispiel ein asiatischer Marienkäfer seine Aufgabe erledigt und sämtliche Blattläuse eines Gewächshauses verputzt hat, ist er leider noch nicht aus der Welt, sondern sieht sich draußen nach Fressbarem um und bringt schlimmstenfalls die heimische Fauna in Unordnung. Biobest bietet trotzdem fleißig eine ganze Palette von Wespen, Ohrenkneifern und sonstigen Organismen für den Versand an, mit der freundlichen Bitte an den Kunden, sich über die Gesetzeslage im Einsatzgebiet kundig zu machen.

Die weltweit agierenden Hummelspezialisten aus Belgien – mit Produktionsstellen in China, der Türkei, Kanada, Mexiko und Argentinien – verkaufen die Hummelvölker in verschiedensten Systemen, die alle nach außen hin erst einmal wie normale Pappkartons aussehen. Sie haben illustre Namen wie »Bi-Hive Turbo«, »Flying Doctors Hive« oder einfach nur »Standard Hive«. Diese Kartons dienen sowohl als Transportkiste wie auch als Nistraum. Systeme für den Gewächshausgebrauch enthalten neben den Hummeln noch Glucosebehälter, die den Nektarmangel in den geschlossenen Gemüseproduktionsstätten ausgleichen. Outdoorsysteme verzichten darauf. Das »Flying Doctors Hive« verfügt zusätzlich über Dispenser, die dem ausfliegenden Insekt wahlweise bestimmte Pollensorten oder auch Bioinsektizide auf den Pelz geben. Das Insektizid wird so direkt an die Blüte getragen und kann dort zielgenau seine Wirkung entfalten.

Weltweit zu Millionen durch die Gegend geschickte Hummelvölker können jedoch zum Problem werden. So sorgten etwa entwichene *Bombus terrestris* aus Europa in Chile dafür, dass die einheimische Hummelart *Bombus dalmonii* ausstirbt. Die Unternehmen haben darauf reagiert und züchten nun auch Arten, die in Übersee vorkommen. Australien hat aus seinen schlechten Erfahrungen mit eingeschleppten Tierarten gelernt und verbietet den Einsatz von Hummeln generell.

Entwichene Zuchthummeln können sich zudem mit Wildhummeln kreuzen, was zur Faunenverfälschung und der Übertragung von Parasiten führt. Die Anwender sind daher gehalten, nach erfolgter Bestäubung die Nester samt Styropor, Pappe, Honig, Wachs und Hummeln zu verbrennen. Hummeln zum Wegwerfen – willkommen im Agrarkapitalismus!

Wer das Gefühl hat, dass sein Garten unter Hummelmangel leidet, der sollte daher nicht unbedingt gleich zum Telefon greifen und sich den »Bi Hive Turbo« vom Paketdienst frei Haus liefern lassen. Es gibt verschiedene Möglichkeiten, den Tieren Nisthilfen zu bieten und sie so bei sich anzusiedeln. Diese reichen vom eingegrabenen Blumentopf über den Hummelkasten aus Holz zum Kaufen oder Selberbasteln bis hin zum Premiumprodukt, dem »Schwegler Hummelnistkasten« aus Holzbeton. Letzterer ist feldgrün angemalt und sieht aus wie ein Minibunker. Mit seinen knapp zwanzig Kilogramm Gewicht wirft ihn nichts so schnell um. Er gibt dem Garten des Hummelfreundes definitiv einen militärischen Flair und wird ihn stets daran erinnern, dass die Menschheit sich permanent in einem Kriegszustand befindet, bei dem jeder Stellung beziehen muss – für oder gegen »unsere« Natur. Menschen, die sich nicht ständig diese hässliche Tatsache vor Augen führen lassen möchten und es gerne etwas ästhetischer mögen, denen sei zur »Hummelburg« der Firma Denk aus Keramik geraten. Selbst Hummelstreu zum Auspolstern des Nests kann über den Fachhandel bezogen werden.

Eine Besonderheit unter den Hummeln sind die Kuckuckshummeln. Genau wie der namensgebende Vogel führen sie das bequeme Dasein eines Brutparasiten. Wegen der sozialen Verhaltensweise der Wirtstiere scheut die Wissenschaft sich nicht, sie als Sozialschmarotzer einzuordnen. Bei den Kuckuckshummeln kommen nur Königinnen und Drohnen vor – Arbeiterinnen brauchen diese Arten nicht. Nach der Winterruhe ernährt sich die junge Kuckuckshummel eine Weile vom Nektar der Frühblüher. Solange, bis die ersten Arbeiterinnen der »echten« Hummeln geschlüpft sind. Sie sondert nun einen diesen ähnelnden Geruch ab, der sie unerkannt in das Hummelnest eindringen lässt. Dort sticht sie die echte Königin ab, übernimmt fortan das Regiment des Eierlegens, lässt ihre eigene Brut von den Töchtern der Ermordeten großziehen und verschmäht auch selber deren Honig nicht. Da sie nun mal keinen Pollen zur Ernährung ihrer Brut sammeln muss, fehlt ihr sogar die dafür nötige spezielle Behaarung an den Hinterbeinen.

Unsere Freunde, die Wildbienen

In Deutschland gibt es etwa fünfhundert verschiedene Wildbienenarten. Abgesehen von den Hummeln leben die meisten solitär. Sie fliegen als Einzelgänger die Blüten an und haben keine sozialen

Fähigkeiten entwickelt. Man unterscheidet die verschiedensten Gattungen: So gibt es Mauerbienen (circa fünfzig Arten), Mörtel- und Blattschneiderbienen (zweiundzwanzig Arten), Holzbienen (acht Arten), Schmalbienen (etwa hundertfünfzig Arten) sowie Sandbienen, Hosenbienen, Wollbienen und Harzbienen, um die wichtigsten zu nennen. Unter den hundertfünfzig Arten der Schmalbienen kommen sämtliche Übergangsformen von solitären über parasoziale bis hin zu eusozialen Lebensformen vor. Und natürlich dürfen auch hier Kuckucksbienen nicht fehlen …

Sämtliche Wildbienenarten mit ihren Eigenheiten zu beleuchten, würde den Rahmen dieses Buches sprengen. Aber einen kurzen Überblick erlaube ich mir. Meine Lieblingswildbiene ist die Große Blaue beziehungsweise Violettflügelige Holzbiene (*Xylocopa violacea*). Mit bis zu achtundzwanzig Millimetern Körperlänge ist sie ein noch dickerer Brummer als unsere Freundin *Bombus terrestris*. Das erste Mal fiel sie mir bei meinen Reisen ins Mittelmeergebiet auf. Die Größe dieser Biene faszinierte mich. Später stellte ich fest, dass sie auch bei uns zu Hause im sonnig-milden Rheintal zu finden ist.

Bei Holzbienen überwintern beide Geschlechter. Nach der Paarung im Frühjahr fräsen die Weibchen Gänge in morsches Totholz, in denen sie ihre Brutzellen anlegen. In jede Brutzelle füllt die Biene Honig und Pollen, legt ein Ei dazu und verschließt sie mit einer Trennwand, wofür sie eine Mischung aus Speichel und Holzspänen verwendet. In dem waagrechten Gang werden bis zu fünfzehn Kammern angelegt. In Nordamerika kommen Arten vor, die ihre Brutgänge auch in Bauholz anlegen, was sie bei Hausbesitzern nicht gerade beliebt macht. Sie werden wie Holzwürmer mit Gift bekämpft. Nach einer Entwicklungszeit von etwa zehn Wochen, in denen sich die Maden bis zur Verpuppung von den eingelagerten Vorräten ernähren, nagen sie sich dann ihren Weg ins Freie.

Diesem Prinzip der Brutpflege bedienen sich die meisten Wildbienen. Dabei kann die Wahl des Nistplatzes durchaus unterschiedlich ausfallen. Sandbienen etwa bohren Löcher von bis zu sechzig Zentimetern Tiefe in den Boden. Sie sind es, die im Sommer für die kleinen Sandhügelchen zwischen den Pflastersteinen sorgen, die wohl jedem schon einmal aufgefallen sein dürften. Mauerbienen wiederum nutzen artspezifisch hohle Pflanzenstängel, Käferfraßgänge, Mauerspalten und sogar Schneckenhäuser. Blattschneidebienen schneiden mit ihren Mundwerkzeugen halbrunde Stücke aus den Blättern bestimmter Bäume, aus denen sie Kokons für ihre Brut formen, die sie dann in hohle Pflanzenstängel oder Fraßgänge stopfen und mit der Honig-Pollen-Ei-Mischung füllen. Mein Quittenbaum war eine Zeit lang sehr populär bei ihnen. Viele Arten benutzen zum Verschließen ihrer Brutkammern auch einfach Lehm. Für gewöhnlich werden die unbefruchteten Drohneneier als letzte gelegt, sodass die Männchen sich als erste ins Freie nagen können. Sie lungern dann am Ausgang der Bruthöhlen herum und warten darauf, dass die Weibchen sich ihren Weg ins Freie nagen, um sie sofort zu begatten.

Eine Besonderheit bildet die Mörtelbiene. Sie mauert ihre zwei bis drei Zentimeter messenden Zellen aus mit Speichel vermischtem, feinem Sand oder Lehm an Steinen und Felsen fest und tarnt das Ganze am Ende so geschickt, dass der Betrachter denkt, einfach einen Dreckbatzen vor sich zu haben.

Dass neben den Honigbienen nicht nur Hummeln, sondern auch die anderen Wildbienenarten für die Bestäubung unserer Nutzpflanzen von Bedeutung sind, hat sich mehr und mehr auch unter Landwirten herumgesprochen. In der Lokalpresse stieß ich auf eine Obstbauernfamilie, die ihre Apfel- und Birnbäume auf der anderen Rheinseite, in der Nähe von Meckenheim, kultiviert und bei der Bestäubung vollständig auf die Rote (*Osmia bicornis*) und die Gehörnte Mauerbiene (*Osmia cornuta*) setzt. Beide Arten sind bei der Wahl ihrer Nistgelegenheiten nicht wählerisch. Nester von *Osmia bicornis* wurden schon in Tapetenrollen, Gartenschläuchen, den Falten zusammengelegter Sonnenschirme, Mofa-Auspüffen, Patronenhülsen und sogar in Blockflöten gefunden. Käferfraßgänge in Totholz mögen sie natürlich auch, aber die sind in unserer aufgeräumten Kulturlandschaft selten geworden. Durch ihre Anpassungsfähigkeit in Sachen Nestbau kann man beide Arten durchaus als Kulturfolger bezeichnen. Sie lieben die Nähe der Menschen.

Ich fand den Artikel über die Wildbienen kultivierenden Apfelbauern spannend und beschloss, einen kleinen Trip in das Meckenheimer Obstbaugebiet zu unternehmen. Die freundliche Frau Rönn versorgte mich in der Küche ihres wunderschönen, gemütlichen Fachwerkhofs mit Kaffee und nahm sich die Zeit, mit Engelsgeduld meine schwer zu stillende Neugier zu befriedigen. Der Hof befindet sich in der Umstellung zum Biobetrieb und musste zu Beginn gleich den herben Schlag einstecken, dass Spätfröste neunzig Prozent der Blüten ihrer Bäume zerstörten. Die konventionell wirtschaftenden Nachbarn konnten dem mit Hormonspritzungen begegnen, die in der Bio-Landwirtschaft nicht zugelassen sind. Hierzu verwendet man Stoffe aus der Familie der Auxine, die eine sogenannte parthenokarpe oder jungfräuliche Fruchtbildung bewirken, also ohne Bestäubung. Das Obst hat dann keine Kerne und vor allem Birnen nehmen gerne eine längliche Form an, essbar sind sie natürlich trotzdem.

Von den kostenpflichtigen Bestäubungsdiensten der Imker hat die Familie Rönn mittlerweile Abstand genommen. Zu oft gab es Konflikte, wenn während der Blüte Insektizide gegen den Blütenstecher gespritzt werden mussten. Besonders notorisch ist der Apfelblütenstecher, ein kleiner Käfer, der seine Eier in die Blüten legt, während sie sich im Ballonstadium befinden. Wenn bei einem Befall schnell reagiert werden muss, hatten die Imker oft keine Zeit, die Völker umzuräumen – und das führte unweigerlich zu Vergiftungen und Verlusten bei den Bienenvölkern und in der Folge zu Schadensersatzforderungen. Danach setzten die Rönns eine Weile

*Fachgerecht angelegte Wildbienennisthilfe in der Bio-Apfelplantage
der Familie Rönn*

auf Hummeln. Jedes Jahr neue, teure Zuchthummeln kaufen zu
müssen, fanden sie jedoch auf Dauer nicht nachhaltig genug. Nun
müssen also die Mauerbienen ran.

Für Ansiedeln und Weiterzucht der Wildbienen haben die
Rönns in ihren Plantagen eine Anzahl von wetterfesten Kästen an-
gebracht, in deren Innern sich professionelle Nistblöcke befinden.
Diese bestehen aus mit einem Spanngurt zusammengehaltenen
Bienenbrettchen, in die einseitig Niströhren hineingefräst wurden.
Auf dem Boden der wetterfesten Kästen entdeckte ich bei genaue-
rem Hinsehen eine Anzahl Pollenpakete, die beim Transport in die
Röhren von den Beinen der Tiere gefallen waren und nun Ameisen
als Festschmaus dienten.

Wenn im Innern der Niströhren die Mauerbienenlarve sämtliche Futtervorräte verputzt hat, spinnt sie sich wie eine Seidenraupe
in einen Kokon ein. In diesem Kokon verpuppt sie sich und entwickelt sich nach einer kurzen Puppenruhe zum Insekt. Dieses
schafft es, das Puppenstadium zu verlassen und trotzdem im Ko-

kon zu verbleiben. Im Kokon überdauert sie dann den Rest des Sommers, den Herbst und auch den Winter, um im Frühjahr die nächste Runde im Kreislauf des Lebens zu beginnen.

Mauerbienen, die das Glück haben, von den Rönns zu wertvollen Mitarbeitern bestimmt worden zu sein, erfahren während der Zeit im Kokon das Privileg, aus den Bienenbrettchen herausgelöst, in einem Nudelsieb gewaschen, von Milben befreit, wieder getrocknet und schließlich in einem Schuhkarton im Kühlschrank sicher bis zum Frühjahr verwahrt zu werden. Pünktlich zu Beginn der Obstblüte werden Eierkartons mit Kokons auf die Nisthilfen gestellt. Dort schlüpfen die Bienen und sparen sich so das Herausnagen aus der Niströhre. Das erinnert ein wenig an den Kaiserschnitt, funktioniert aber. Diese aufwendige Pflege der Puppen erhöht deren Überlebenschancen. Entwickelt wurde das System zur kommerziellen Vermehrung in den USA. Dort arbeitet man seit über vierzig Jahren mit der Blauen Mauerbiene (*Osmia lignaria*) in der Apfelblüte und seit kurzem auch mit der aus Europa eingeführten Gehörnten Mauerbiene, um die Honigbiene bei der Mandelbestäubung zu unterstützen.

Natürlich wird auch im Ökolandbau mit Insektiziden hantiert. Spruzid etwa enthält natürliches Pyrethrum, das aus Chrysanthemen gewonnen wird, und Rapsöl. Pyrethrum ist ein hochgiftiges Neurotoxikum, das schon den Römern bekannt war. Sie bezeichneten es als »persisches Pulver«. Der Wirkstoff zerfällt rasch, bereits nach drei Tagen ist er verschwunden. Trotzdem erwischt er selbstverständlich auch die Bestäuber, wenn sie mit ihm in Kontakt kommen. Um die Verluste so gering wie möglich zu halten, wird nachts gespritzt, wenn die Insekten nicht fliegen.

Zum Start ihrer Bienenzucht sind die Rönns von einem befreundeten Obstbauern mit einer Reihe von Kokons versorgt worden. Der Handel mit den Kokons ist genau genommen illegal, da es sich um unter Naturschutz stehende Wildtiere handelt. Dies hindert jedoch Händler nicht daran, sie im Internet zum stolzen Preis von bis zu einem Euro pro Kokon feilzubieten. Die Tiere haben – je nach Umweltbedingungen, Wetter, Pestizideinsatz und Winterverlusten durch Milben oder andere Parasiten – Vermehrungsraten von zwei bis fünf.

Der Einsatz von Mauerbienen zu Bestäubungszwecken hat gegenüber den Honigbienen eine Reihe von Vorteilen zu bieten. So fliegt die Gehörnte Mauerbiene bereits bei niedrigen Temperaturen von nur 4 Grad und die Rote ab etwa 10 Grad Celsius. Die Honigbiene braucht 12 Grad, um aus ihrem Stock zu kommen. Während die Honigbiene einen Radius von mehreren Kilometern zurücklegen kann, um an Pollen und Nektar zu gelangen, fliegen Mauerbienen dafür oft nur wenige hundert Meter. Man kann sie also gezielter einsetzen. Durch die problemlose Lagerung der Kokons im Kühlschrank kann der Obstbauer sie stets passgenau zur gewünschten Blüte tragen. In Japan werden heutzutage etwa fünfundsiebzig Prozent der Obstblüte von Mauerbienen bestäubt.

Nisthilfen für Wildbienen erfreuen sich auch unter Garten- und Balkonbesitzern wachsender Beliebtheit. So wie Meisen- oder Fledermauskästen können auch sie von jedem halbwegs geschickten Heimwerker mit simplen Materialien und Werkzeugen selber hergestellt werden. Für viele Arten reicht ein simpler Klotz aus Hartholz. Mit Bohrern verschiedener Größe, von zwei bis zehn Millimetern Durchmesser, imitiert man Käferfraßgänge, die gerne angenommen werden. Wichtig ist, dass ins Längs- und nicht ins Stirnholz gebohrt wird, da Stirnholz zum Reißen tendiert, was für die Wildbienenbrut fatale Folgen haben kann. Glücklicherweise wissen die Bienen dies und nehmen ins Stirnholz gebohrte Hölzer schlecht an. Auf der aktuellen Internetseite des Bundesministeriums für Bildung und Forschung, das die Bürger mit Basteltipps für Wildbienenhotels versorgen soll, kann an prominenter Stelle ein Foto bewundert werden, auf welchem in großzügiger Anzahl Holzscheite stirnseitig aufgebohrt wurden (Stand 2017). Im Gegensatz zu dem Block mit Bienenbrettchen daneben ist kein einziges dieser Bohrlöcher mit Lehm verschmiert, was das untrügliche Zeichen dafür ist, dass die Bienen schlauer sind als der mit Steuermitteln bezahlte Wissenschaftler, der für das Ministerium das Gebilde errichtete und ins Netz stellte. Neben Holzklötzen können auch Hohlbrandziegel, aufgebohrte Gasbetonsteine, Schilf- oder Bambusbündel verwendet werden. Wichtig ist, die Wildbienenhotels trocken zu hängen oder zu stellen und sie nach West oder Südwest auszurichten.

Man kann die Insektenhotels auch im Baumarkt erwerben. Doch auch hier ist Vorsicht geboten. Oft wird billiges Weichholz angeboten. Hier können sich die Insekten an Splittern verletzen. Andere Modelle enthalten Fächer mit aufgehäuften Tannenzapfen. Die sehen zwar schön aus, machen aber als Nisthilfen für Wildbienen keinerlei Sinn.

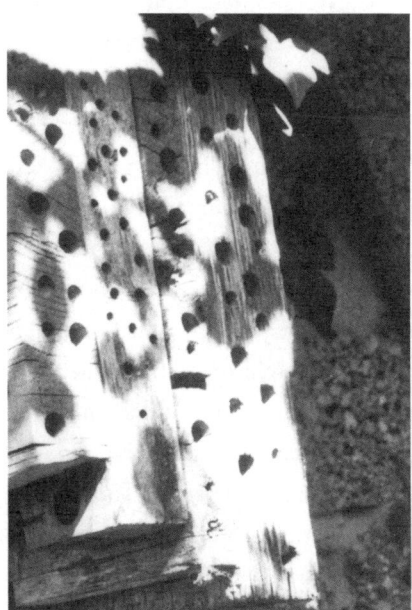

Dieses simple Konstrukt vermachte ich vor Jahren meiner Tochter zum Geburtstag. Seitdem hat es vielen Generationen von Wildbienen als Brutstätte gedient.

5
Wie Bien für unsere Gesundheit und unser Wohlergehen sorgt

Herr Bien versorgt seinen Symbionten, den Menschen, zum Dank für die Bereitstellung von Wohnraum, Nahrung, Hygiene und medizinischer Versorgung mit einer ganzen Reihe von Wohltaten – zusätzlich zu seiner wohl wichtigsten Leistung nicht nur für uns, nämlich der Bestäubung. Die wahrscheinlich leckerste dieser Wohltaten ist der Honig, und so beginnen wir auch mit ihm.

Honig

Es gibt wohl niemanden unter den Leserinnen und Lesern dieses Buches, der noch keine Bekanntschaft mit Honig gemacht hat. Man kann ihn in verschiedensten Farben und Beschaffenheiten kaufen. Honig ist flüssig, wenn er entweder ganz frisch ist oder von Blütentrachten wie beispielsweise jener der Akazie stammt, die nicht zum Kristallisieren neigen. Auch tropische Honige sind eher von flüssiger Konsistenz. Überlässt man hingegen den Großteil des heimischen Honigs sich selbst, wird er nach einer Weile fest. Um diesen Prozess zu steuern, verwenden Imker bei der Honigpflege manuell betriebene Stampfer oder ein Rührwerk, das der Kleinimker mit einer elektrischen Bohrmaschine antreibt. Durch dieses Rühren oder Stampfen zu Beginn der Kristallisation werden die Kristalle in kleinste Stücke zerschlagen. Der Honig nimmt eine cremige Konsistenz an.

Mit Ausnahme von Waldhonig stammt Honig aus Blütennektar. Waldhonig gewinnen die Bienen aus der zuckrigen Ausscheidung von Baumläusen, die Honigtau genannt wird. Diese Tierchen, die in verschiedenen Arten auf Fichten, Tannen und Laubbäumen wie der Eiche vorkommen, bezeichnet man auch als Rindenläuse oder Lachniden. Sie sind wissenschaftlich wenig erforscht. Imker wissen jedoch, dass es bei ihnen nicht jedes Jahr zu Massenvermehrungen kommt. Wer also Waldhonig ernten will, braucht eine Portion Glück. Bevor Imker mit ihren Völkern in Waldgebiete wandern, prüfen sie mit der Lupe, dem Fernglas und dem sogenannten Klopftuch, ob genügend von ihnen vorhanden sind. Das Klopftuch wird unter einem Ast ausgebreitet, man klopft mit einem Stock auf den Ast und betrachtet anschließend mit der Lupe das Ergebnis.

Es gibt auch Schildläuse, die Honigtau ausscheiden. Die Rede ist von der kleinen und der großen Lecanie. Sie treten im Schnitt nur alle sieben Jahre in nennenswerten Populationen auf und haben gegenüber den Lachniden den Vorteil, dass sie nicht so schnell von einem starken Regenguss vom Baum heruntergewaschen werden. Die für unsere Bäume völlig ungefährlichen Tiere werden in Weihnachtsbaumplantagen mit Insektengift bekämpft. Weihnachtsbäume sind ein großes Geschäft. Und nicht jeder mag Honigtau auf seinen Geschenkverpackungen oder dem Fußboden und akzeptiert lieber einen Baum mit Pestizidrückständen im weihnachtlichen Wohnzimmer. Alle Jahre wieder werden so auch Bienen und andere Honigtau sammelnden Insekten mitvergiftet.

Honigtau ist eine Massentracht und kann sich für den Imker lohnen – Waldhonig erzielt hohe Preise. Wenn der Imker jedoch Pech hat, sammeln die Bienen den süßen Tau der schwarzen Fichtenrindenlaus, der in der Zelle zum sogenannten Melezitosehonig wird. Dieser wird von den Imkern auch Zementhonig geschimpft, weil er sich kaum schleudern lässt. Im Winter droht den Bienen durch ihn der Hungertod, weil sie ihn schlecht aus den Zellen herausgenagt bekommen.

Bienen nehmen Nektar oder Honigtau durch ihr Saugrohr auf, von dort gelangt er in die Honigblase. Sie ist eine Art Kropf im vordersten Teil des Abdomens, gleich hinter der Wespentaille. In ihr wird der Nektar mit Enzymen vermischt, wodurch eine Vorstufe des Honigs entsteht. Der Bienenkörper hat die Wahl, bei Bedarf dieses »Flugbenzin« über eine Klappe in den eigentlichen Verdauungstrakt zu leiten oder ihn nach der Ankunft im Stock wieder auszuscheiden. Honigarbeiterinnen nehmen der Sammlerin den ausgepressten Tropfen dann von den Mandibeln – den Mundwerkzeugen – und bringen ihn in die Honigzelle. Dieser Vorgang wird »soziales Füttern« genannt, weshalb die Honigblase auch der »soziale Magen« genannt wird.

Für hundert Gramm Honig müssen die Bienen etwa eine Million Blüten besucht haben. Der Honig enthält dann den Pollen all dieser Blüten. Menschen, die unter Heuschnupfen leiden, sollten zum Desensibilisieren gegen ihre Pollenallergie bestrebt sein, den Honig aus der Gegend zu essen, in der sie leben. Dieser enthält

Honig, die köstliche Speise

nämlich genau die Stoffe, die ihrem überreizten Immunsystem Probleme bereiten, und gibt dem Körper die Möglichkeit, sie anders als über die Atemwege kennenzulernen. Ein Honig aus Yucatán hingegen wird ihnen in der deutschen Tiefebene keine Linderung verschaffen.

Honig hilft dem Körper aber nicht nur gegen Allergien. Egal welcher Herkunft, er steckt voller Enzyme und Vitamine. Seine Inhaltsstoffe wirken sich positiv auf unsere körpereigenen Abwehrkräfte aus. Früher litt meine Frau eigentlich ständig unter Erkältungen. Seitdem wir jedoch das Imkern begonnen haben und hemmungslos jede beliebige Menge Honig in uns hineinschaufeln, sind Husten, Schnupfen und Co. aus unseren Leben so gut wie verschwunden.

Eine Besonderheit sind die sortenreinen Honige. Sie erhält für gewöhnlich derjenige Imker, der gezielt mit seinen Völkern in eine Massentracht hineinwandert. In Mitteleuropa können dies Raps, Linde oder Klee sein. Auf den großen Kahlschlägen Kanadas erntet man Himbeerhonig, in den Plantagen Spaniens Orangenblütenhonig, in der Provence Lavendelblütenhonig. Der Phantasie sind so gut wie keine Grenzen gesetzt.

In Neuseeland wird der begehrte Manuka-Honig gewonnen. Der Manuka-Strauch, der auch Südseemyrte genannt wird, ist ein ausdauerndes, widerstandsfähiges Gewächs, das sich gerne auf Rodungen und anderen Freiflächen breitmacht. Neuseelands Farmer hassen ihn, denn er wächst auch gerne auf ihren mühsam kultivierten Feldern. Übersieht ein Farmer beim Ausmachen nur ein kleines Stück Wurzel, bildet sich daraus schnell ein neuer Busch. Manuka ist mit dem australischen Teebaum verwandt, dessen antibakteriell wirkendes, ätherisches Öl in keiner Hausapotheke fehlen sollte. Lohnende Manuka-Trachten bilden sich auf unebenem, kargem Gelände, wo sich Farming nicht rentiert. Wer hier seine Beuten aufstellt, der darf seinen Honig nach neuseeländischem

Gesetz Manuka-Honig nennen. Die offizielle Jahresproduktion liegt bei tausendsiebenhundert Tonnen. Weltweit gehen jedoch über zehntausend Tonnen über die Ladentheke. Ein Honig, der im 250-Gramm-Glas Preise von bis zu 85 Euro erzielt, lockt kriminelle Naturen auf den Plan.

Seine besondere antibakterielle und entzündungshemmende Kraft ist unbestritten. Äußerlich wirkt er bei entzündlichen Verbrennungen, Diabetesfuß, Neurodermitis, Herpes und sogar Fußpilz. Innerlich hilft er unter anderem gegen Parodontose sowie Entzündungen im Darm und in den Atemwegen. Verantwortlich hierfür ist vornehmlich das Zuckerabbauprodukt Methylglyoxal (MGO). Sein Anteil wird in Milligramm pro Kilo angegeben. Eine andere Qualitätsangabe ist der »Unique Manuca Factor« (UMF). Umgerechnet wird folgendermaßen: UMF 10 bedeutet MGO 263. Ab einem MGO von 400 kann man von einem Spitzenprodukt ausgehen, so die Angaben denn der Wahrheit entsprechen.

Wer bei der Wundbehandlung ganz auf Nummer sicher gehen will, der wähle das auf Manuka-Honig basierende, sterile, CE-zertifizierte, verordnungs- und erstattungsfähige Produkt Medihoney. Die Kinderklinik der Rheinischen Friedrich-Wilhelms-Universität Bonn setzt es seit Jahren erfolgreich ein und war die erste, die belastbare Studien zum medizinischen Einsatz erstellte. Das Resultat ist beeindruckend. Medihoney schafft, was selbst modernen Antibiotika immer schwerer fällt: Es wirkt gegen multiresistente Keime. Nebenwirkungen sind keine bekannt.

Wem das alles zu kompliziert oder zu teuer ist, der kann auch ganz normalen Honig zur Wundbehandlung nehmen. Allein der hohe Zuckergehalt gewährleistet den Wasserentzug bei Mikroorganismen und führt zu deren Absterben. Ein weiterer antiseptischer Faktor ist Wasserstoffperoxid, das jeder Honig enthält. Außerdem sorgt Honig für ein feuchtes, heilungsförderndes Wundmilieu. Eine Freundin von mir versorgt einen älteren Herrn aus ihrer Bekanntschaft, der unter schwärenden Wunden leidet, mit meinem Honig. Der Mann schwört auf ihn. Seit Jahren offene Wunden bekam er damit in den Griff. Der Verbandswechsel fiel leichter und die Wunden stanken nicht mehr – Honig auf Wunden wirkt geruchshemmend.

Honig ist aber nicht gleich Honig. Es gibt auch giftigen Immensaft. Die Rede ist vom »Pontischen Honig«, der auch »Tollhonig« oder »Bitterer Honig« genannt wird. Die erste überlieferte Erfahrung damit machten im Jahre 401 vor Christus die Söldner des griechischen Generals und Autors Xenophon. In der *Anabasis* schreibt er über den Krieg der beiden persischen Brüder Kyros und Artaxerxes II., wo er auf der Seite des Verlierers Kyros stand. Nach dessen Tod trat er mit dem Rest seines Söldnerheeres den entbehrungsreichen Rückzug an, der ihn an die in der heutigen Türkei gelegene Schwarzmeerküste führte. Die Gegend wird nach dem untergegangenen Königreich Pontos die »Pontische Region« genannt. Dort wächst in großer Zahl der Pontische Rhododendron (*Rhododendron ponticum*); für die Bienen eine Massentracht. Als das ausgehungerte Söldnerheer sich unter einem lilafarbenem Blütenmeer durch die Rhododendron-Wälder schleppte, fiel ihm eine Anzahl von Honigwaben in die Hände. Nachdem sie sich darüber hergemacht hatten, erbrachen sie sich, bekamen Durchfall und wurden bewusstlos. Selbst die Männer, die nur kleinste Mengen zu sich genommen hatten, torkelten umher wie Betrunkene. Am nächsten Tag ging es allen wieder gut.

Etwa dreieinhalb Jahrhunderte später beschreibt der griechische Geschichtsschreiber und Geograph Strabon, wie 67 vor Christus die Truppen von König Mithridates den Tollhonig im Zuge der Mithridatischen Kriege als Biowaffe gegen die römischen Invasoren des Feldherrn Gnaeus Pompeius Magnus einsetzten. Erst stellten sie heimtückisch dem Heer Schalen voll der süßen Verführung an den Wegesrand. Dann, als die Soldaten sich daran gütlich getan hatten und wehrlos in der Gegend herumlagen, kamen sie aus den

Azaleenwäldern heraus und metzelten sie nieder. Drei Manipeln, also etwa tausendfünfhundert Mann, sollen auf diese Weise ihr Ende gefunden haben.

Die Giftwirkung des Pontischen Honigs beruht auf den im Rhododendronnektar vorkommenden Grayanotoxinen. Neben Symptomen wie Übelkeit, niedrigem Blutdruck und starkem Speichelfluss können diese Gifte Halluzinationen hervorrufen. Außerdem gelten sie als Aphrodisiakum, und so gibt es durchaus Menschen, die bewusst vom Tollhonig naschen. Grayanotoxine wirken auch insektizid. Wie die Bienen der Giftwirkung entgehen, ist der Wissenschaft jedoch ein Rätsel.

Spiegel online berichtete in seiner Rubrik »Ein rätselhafter Patient« vor einiger Zeit von einem rüstigen Sechzigjährigen aus Deutschland, der mit seinem Wohnmobil in den engen Gassen eines türkischen Schwarzmeerdorfes herumrangierte und dabei die Wand des Dorfladens rammte. Angetan von der Gelassenheit, mit welcher der Ladenbesitzer den Schaden hinnahm, kaufte der Deutsche dem freundlich lächelnden Orientalen viele Früchte und auch ein Glas Honig ab. In der Folge erlitt der kerngesunde Mann eine Reihe von Schwächeanfällen, den letzten davon zurück in der Heimat. Ärzte maßen seinen Blutdruck und operierten ihm in einer Not-OP einen Herzschrittmacher ein, um sein Leben zu retten. Nach der Operation hatte der Genesende eine Menge Zeit zum Nachdenken. Dabei fiel ihm ein, dass er vor jedem seiner Schwächeanfälle ein Brötchen mit dem Honig aus dem Dorfladen gegessen hatte. Er recherchierte und war sich nach einer Weile sicher, an Tollhonig geraten zu sein. Beweisen konnte er es nicht, denn das Honigglas war zum Zeitpunkt der Erkenntnis bereits leer. Trotzdem ließ er sich den Herzschrittmacher nach einer längeren Periode ohne Probleme wieder entfernen.

Neben dem Grundstück, auf dem meine Bienenkisten stehen, beackert mein türkischer Nachbar Bujar sein Land. Er züchtet vornehmlich Peperoni, Tomaten und Stangenbohnen. Wenn ich nach meinen Bienen sehe, halten wir gerne ein Schwätzchen. Türken lieben Wabenhonig. Ab und zu breche ich ein Stück aus einer Wabe heraus und lasse ihn kosten. Bujar stammt aus der Schwarzmeerregion. Er erzählt gerne von seinem Großvater, der auch Bienen hielt und dem er als Kind beim Imkern zur Hand ging. Der Großvater produzierte auch giftigen Honig, von dem zu essen er dem Enkelsohn verbot. Bujar naschte aber trotzdem davon. Auf mein Fragen, wie das Zeug denn bei ihm wirkte, habe ich nur ein verschmitztes Feixen ernten können.

Pollen

Ein weiteres Geschenk des Herrn Bien an uns Menschen ist der Pollen, den er in seinen Pollenhöschen sammelt und ihn uns so als Nahrung zugänglich macht. Als Pollenhöschen werden die kleinen farbigen Knubbel am dritten Beinpaar der Bienen bezeichnet. Dorthin bürstet die Biene die am haarigen Körper hängengebliebenen Pollenkörner mit den Pollenbürsten auf dem ersten Fußglied.

Auf einer meiner Reisen nach Mexiko erkrankte ich einmal an Malaria. Ich bekam den Erreger mit Resochintabletten unter Kontrolle, war aber bei meiner Rückkehr nach Deutschland immer noch ziemlich geschwächt. Wir wohnten damals in Berlin Prenzlauer Berg, in der Nähe des Ernst-Thälmann-Parks. Dort gibt es ein Hallenbad mit angeschlossener Sauna, wo ich mein Fitnessprogramm absolvierte, um wieder zu Kräften zu kommen. Auf dem Weg zum Schwimmen kam ich über einen Wochenmarkt im Schatten der von Lew Kerbel geschaffenen, gigantischen Granitbüste des Rotfront-Kämpfers Thälmann. Dort gab es einen interessanten Stand mit Bienenprodukten, wo ich nicht nur meine erste Bekanntschaft mit sortenreinen, exotischen Honigen machte. Der langhaarige Händler hatte auch in kleinen Apothekerfläschchen abgefülltes Propolis im Angebot und Pollen. Der Pollen tat es mir besonders an. In satten Gelb-Orange-Rot-Tönen schillerten mir hunderttausende, kleine Pollenhöschen aus den Schraubdeckelgläsern entgegen. Neugierig geworden, griff ich zu. Fortan aß ich täglich ein paar Löffel aus dem bunten Glas und merkte schnell, wie stärkend der Pollen auf mein von der schweren Krankheit geschwächtes System wirkte. Nach dieser Erfahrung lege ich ihn jedem Kranken oder Genesenden sehr ans Herz.

An dieser Stelle darf für Allergiker der Hinweis auf die Rücksprache mit dem Arzt nicht fehlen. Wobei gesagt werden muss, dass Ärzte mit der Bewertung der Heilwirkung von Bienenprodukten oft überfordert sind. Leider hat die Apitherapie, also die Heilung mit Bienenprodukten, in der Schulmedizin längst nicht die Bedeutung, die ihr eigentlich zusteht. Heutige Mediziner verlangen nach standardisierten Inhaltsstoffen, auf denen ihre Studien basieren können. In Bienenprodukten sind die einzelnen chemischen Komponenten jedoch einem steten Wechsel unterzogen. So finden positive Erfahrungen in Sachen Heilung aus Jahrtausenden der Menschheitsgeschichte keine oder nur geringe Aufmerksamkeit.

Der Bien braucht Pollen, um seine Brut zu füttern. Die Arbeiterinnen vermischen den Pollen wie die Hummeln mit Honig zum sogenannten Bienenbrot, auch Perga genannt, und lagern ihn in den Zellen um und über der Brut in einem breiten Gürtel ein. Durch die Enzyme im Honig fermentiert der Pollen und wird haltbar. Manchmal sind komplette Waben mit Pollen gefüllt. Der Imker spricht dann vom »Pollenbrett«.

Pollen fängt man mit der Pollenfalle. Dies ist ein kleiner Kasten, der vor dem Flugloch des Bienenkastens angebracht wird. Er enthält ein Lochgitter, durch das die Bienen zwar hindurchpassen, nicht jedoch die Pollenhöschen an deren Beinen. Diese werden abgestreift und fallen in eine darunter angebrachte Schublade. Von dort können sie bequem entnommen werden. Je nach Tracht variiert die

Farbe des Pollens beträchtlich. Weidenpollen ist zitronengelb, Schneeglöckchenpollen orangerot, Meerzwiebelpollen blau, Fliederpollen von einem kräftigen Lila, Mohnpollen schwarz und Brombeerpollen rußgrau. Zum Lagern muss der Pollen getrocknet werden. Am besten schmeckt er allerdings frisch: ein wenig herb, auf der Zunge seidig und unaufdringlich süß. In Joghurt eingerührt, entfaltet er seine Farbpalette in schönen Schlieren. Manche essen ihn auch auf Salat. Seine vitalisierenden Kräfte beruhen auf einer Fülle von Inhaltsstoffen. Er besteht zu zwanzig Prozent aus Eiweißen, die alle grundlegenden Aminosäuren enthalten. Zudem ist er reich an Hefen, Vitaminen, Lipiden, Glutamin und Sterolester, um nur einige zu nennen.

Für Pollenallergiker ist der Pollen aus ihrer Wohngegend übrigens besonders interessant. In unserer Großfamilie sind Aller-

Pollenernte mit der Pollenfalle. Die Sammlerinnen müssen auf dem Weg in den Stock durch ein Lochgitter krabbeln, dessen Durchmesser gerade ausreicht, den Insektenkörper durchzulassen – im Bild links unterhalb der schwarzen Abdeckplatte zu sehen. Die Pollenhöschen werden abgestreift und fallen in eine Schublade, unten rechts im Bild.

gien glücklicherweise vollkommen unbekannt. Speziell in meinem Haushalt wird man übertriebene Hygiene vergeblich suchen. Wir halten Hunde, Katzen und Hühner und buddeln uns gerne durch unsere Gärten. Unser Immunsystem ist also stets gut beschäftigt und ausgelastet. Damit scheinen wir jedoch zu einer immer seltener werdenden Spezies zu gehören. Im Bekanntenkreis meiner Kinder hingegen gehören Allergien zum Alltag. Für mich ist diese Krankheit ein weiteres Symptom und auch Beleg für die Entfremdung des Menschen von seiner Natur.

Vor einigen Jahren hatte unsere Tochter über die Schule einen bretonischen Austauschpartner zu Gast. Der Junge hatte einen guten Freund, der bei der Familie einer Freundin unserer Tochter untergebracht wurde. Die Eltern der Freundin luden zum Grillen ein. Es war ein wunderbarer Frühsommerabend, Fleisch, Salate und Wein waren ausgezeichnet. Die Kinder vergnügten sich auf dem Trampolin. Nur unsere Gastgeberin konnte den Abend nicht genießen. Sie litt, dem Ersticken nahe, mit hochrotem Kopf und laufender Nase an einer akuten Heuschnupfenattacke. Ich erzählte ihr von dem Pollen, den ich ernte, und bot ihr an, sie eine Weile damit zu versorgen. Gern nahm sie das Angebot an, und so sah ich zu, dass sie immer ihr Scherflein abbekam, wenn ich meine Pollenfalle leeren ging.

Genau ein Jahr später hatten wir wieder dieselben Austauschpartner aus Frankreich zu Gast. Diesmal war es an uns, zum Grillen zu laden. Auch bei uns schmeckten Fleisch, Salate und Wein. Wieder schien die Sonne und es war warm. Einzig das Trampolin fehlte. Dafür war die Mutter der Freundin diesmal bester Dinge – ihr Heuschnupfen war weg. Wir sprachen darüber und ich legte ihr den Gedanken nahe, dass die Apipollentherapie zu ihrer Heilung beigetragen haben könnte. Sie jedoch hatte als Erklärung ein neues Medikament parat, das ein Arzt ihr verschrieben habe. Am Ende war es also das standardisierte Produkt der Pharmaindustrie, das ihr Vertrauen fand.

Wachs

Bienen verfügen an ihrem Abdomen über acht Wachsdrüsen. Normalerweise sind diese nur eine Woche lang aktiv, zwischen dem elften und dem achtzehnten Tag ihres Lebens. Das flüssig ausgeschiedene Wachs landet in der sogenannten Wachstasche zwischen den Bauchschuppen, wo es zu einem farblosen, durchsichtigen Wachsplättchen von etwa einem Millimeter Durchmesser aushärtet. Diese werden von den Mandibeln – den Mundwerkzeugen – aufgenommen, durchgeknetet und mit Mandibeldrüsensekret vermischt, was ihn geschmeidig macht. Sind neue Waben zu bauen oder vorhandene auszubessern und zu reparieren, bilden Bienen regelrechte Bauteams. Die Mitglieder eines solchen Teams hängen sich zu langen Ketten aneinander. Damit bilden sie ein natürliches Lot und können stets senkrecht zur Erdanziehungskraft arbeiten. Die meisten Bienen in diesen Ketten produzieren einfach nur Wachs, den sie dann an die eigentlichen Bauarbeiterinnen weiterreichen.

Fertig ausgeschmolzenes Wachs

Bemerkenswert ist, dass beim Einzug eines Schwarms in eine neue Behausung – wenn es also schnell gehen muss, damit rasch Platz für Vorräte und frische Brut vorhanden ist – sämtliche Bienen, unabhängig von ihrem Alter, ihre Wachsdrüsen aktivieren können.

Den Hauptbestandteil am Bienenwachs bildet mit etwa siebzig Prozent Myricin, das zu den Estern gerechnet wird. Ester sind unter Wasserabspaltung entstandene Fettsäuren – mit anderen Worten: Fett. Den Rest der Inhaltsstoffe bilden hauptsächlich Kohlenwasserstoffe, Alkohol und andere Fettsäuren. Zusätzlich kann Wachs in geringen Mengen bis zu dreihundert unterschiedliche andere Komponenten enthalten, etwa Pollen, Propolis, die ätherische Öle der Trachtpflanzen und leider auch Rückstände von Pflanzenschutzmitteln oder Varroaziden.

Wer jemals eine Bienenwachskerze beim Brennen betrachtet oder sie gar genutzt hat, um mit ihrer Flamme einem Gebet besseres Gehör in Gottes Ohr zu verschaffen, der weiß, dass Wachs sehr hohe energetische Eigenschaften besitzt. Die kommen nicht von ungefähr. Um ein Kilo Wachs herzustellen, verbraucht ein Bienenvolk bis zu dreizehn Kilo Honig! Je weniger er seine Bienen bauen lässt, desto mehr Honig erhält der Imker – sollte man meinen. Aus folgendem Grund geht diese Milchmädchenrechnung leider nicht auf: Die Bautätigkeit wirkt sich mildernd auf den Schwarmtrieb aus. Ein Volk, das einmal in Schwarmstimmung gerät, verliert die Lust am Honigmachen. Ähnlich gewissen Landsleuten aus dem Schwabenland, müssen Bienen ihren natürlichen Bautrieb ausleben können. Sonst fühlen sie sich nicht wohl und suchen sich einen anderen Hohlraum, in dem man schöne neue Wohlfühlwaben bauen kann. Die Katze beißt sich also in den Schwanz.

Allein aus Gründen der Wabenhygiene sollten alte, schwarze Waben aussortiert werden. So fallen pro Volk und Jahr in der Regel etwa sechshundert Gramm Wachs an, die der Imker ausschmilzt. Je schwärzer die Wabe, desto dunkler ist das Wachs, das aus ihr gewonnen wird. Die Industrie kennt Verfahren, das Wachs zu klären. Man spricht dann von *Cera alba*.

Ich benutze zum Ausschmelzen größerer Mengen einen alten Einkochtopf. Meine Rähmchen sind ein wenig länger, als der Topf hoch ist. Die Lücke zwischen Topf und Deckel überbrücke ich mit einem zusammengerollten, alten Bettlaken. Pro Ladung passen acht Rähmchen hinein. Kleinere Mengen Wachs schmelze ich mit dem Dampfdruckentsafter aus.

Der Mensch hat eine Vielzahl von Verwendungen für Bienenwachs. In der Lebensmittelindustrie nimmt man es als Trennmittel – beispielsweise Gummibärchen sind mit einer Schicht Bienenwachs überzogen. Der schon erwähnte Honiganzeiger der afrikanischen Savanne verfügt über ein Enzym in seinem Verdauungssystem, das ihn befähigt, Wachs zu verdauen. Über diese Fähigkeit verfügt der menschliche Körper nicht, weshalb er ihn unverdaut wieder von sich gibt. Dabei fungiert Wachs als wertvoller Ballaststoff, an dem sich Schadstoffe anlagern können und so den Weg aus unseren Körpern finden.

Ohne Kerzen keine Messe. Nicht nur im Christentum spielen Kerzen eine wichtige Rolle im Geschäft mit der Anderswelt. Auch beim Voodoo sind sie unverzichtbarer Bestandteil verschiedenster Rituale. Auf der zum Territorium Haitis gehörenden Insel Île de la Gonâve war ich zusammen mit meinem lieben, leider zu früh von uns gegangenen Freund Maik eine Weile zu Gast bei einem Zauberer und seiner Familie. Die alternative Wirklichkeit der Menschen dort wird von den Loa bestimmt. Ähnlich den altgermanischen Asen bezeichnet das Wort Loa ein ganzes Pandämonium von Gottheiten. Sie tragen Namen wie Ogoun, Herr über Feuer, Krieg und Politik, oder Erzulie, Göttin der romantischen Liebe. Ich kann mich an keinen Tag auf der Insel erinnern, an dem nicht wenigstens ein kleines bisschen gezaubert wurde. Manchmal wurde bereits tagsüber der Kontakt zu den Geistern aufgebaut. Die beste Zeit für einen Zauber ist jedoch bekanntermaßen die Nacht. In der Nacht ist es dunkel. Deshalb waren fester Bestandteil eines jeden Zaubers eine frische, grüne Frucht vom Kalebassenbaum und eine bestimmte Anzahl handgezogener Bienenwachskerzen. Sefan, der Zauberer, nahm ein Messer und schnitt Löcher in die harte Schale der Kalebasse. Darein steckte er die brennenden Kerzen. Erst, wenn alle an ihrem Platz steckten, konnte der Loa ihn reiten und durch ihn zu den Menschen sprechen. Er tat dies meist in singender Form. Die Frau des Zauberers und ihre Tochter antworteten im Wechselgesang, während die Bienenwachskerzen mit erdig-süßem Duft für ein flackerndes Licht sorgten.

Kerzenziehen macht Spaß. Man braucht nur eine leere Würstchendose, Docht, einen Nagel sowie natürlich ausreichend Wachs und Zeit. Das Wachs in der Dose wird im Wasserbad erhitzt, der Docht am Nagelkopf festgeknotet und los geht's. Erst wird der Docht mit dem Nagel daran ganz kurz in das Wachs getunkt und schnell wieder herausgezogen. Dem daran kleben gebliebenen Wachs wird ein wenig Zeit zum Aushärten gegeben. Dann wird wieder getunkt, damit die nächste Schicht Wachs sich bilden kann. Dies wiederholt man eine Weile, bis die Kerze dick genug ist. Am Ende schneidet man sie am unteren Ende über dem Nagelkopf ab und zieht den Nagel heraus. Man kann Kerzen natürlich auch in eine Form gießen – Geschmackssache. Wer über Honig und Wachs verfügt, der hat im Zweifelsfalle immer ein Geschenk parat, wenn es auf Weihnachten oder sonstige Festivitäten zugeht.

Geschichtlich gesehen brachte die Säkularisierung einen bedeutenden Einbruch in der Wachsnachfrage. Dies führte zu einem spürbaren Rückgang der Imkerei in Mitteleuropa. Heute ist die Nachfrage wieder gestiegen. Der Überschuss, der nicht von den Imkern für Mittelwände verbraucht wird, ist viel zu schade, um ihn in Form einer Kerze zu verbrennen. Die Elektroindustrie verwendet ihn zur Isolation, die pharmazeutische für Salben, die Kosmetikindustrie für Cremes und Lippenstifte. Die Medizin braucht Wachs für Abdrücke. Chemisch-technische Betriebe nutzen ihn als Bestandteil von Farben, Lacken oder Stiefelwichse. Gemischt mit Baumharz verwendet ihn das schöne Geschlecht, um mittels Körperhaarentfernung noch schöner zu werden. Wirtschaftliche Bedeutung hat übrigens nicht nur das Wachs von Westlicher und Östlicher Honigbiene, auch das von Riesen- und Zwerghonigbiene und der Stachellosen Biene findet seine Bestimmung.

Als Abschluss des Wachskapitels möchte ich ein apitherapeutisches Hausmittel gegen Husten und Erkältung weitergeben: Bienenwachswickel. Dem kranken Kind auf die Brust gelegt, wärmt der Wachswickel und dampft die heilsamen ätherischen Öle der Blütenpflanzen und Propolis aus. Das Atmen fällt leichter, das Kind wird gesund. Herstellen lassen sich Wachswickel ganz einfach. Man erhitzt Wachs im Wasserbad und tunkt drei-, viermal einige Stück Leinen- oder Baumwollstoff hinein. Die Wachswickel hängt man zum Härten an eine Wäscheleine. Anschließend lassen sie sich einrollen und verstauen. Vor dem Gebrauch rollt man sie wieder aus und erwärmt sie mit einem Fön auf Körpertemperatur.

Propolis

Im Bienenstock geht es warm, feucht und zuckrig zu. Das sind eigentlich ideale Bedingungen für Keime aller Art. Dennoch werden Bienen selten krank. Die Liste der von Viren, Bakterien (Amerikanische und Europäische Faulbrut), Einzellern (Nosemose) oder Pilzen hervorgerufenen Krankheiten ist überschaubar. Der Grund für die weitgehende Keimfreiheit im Inneren des Bienenstocks heißt Propolis oder Bienenkittharz. Propolis wird vom Bien verwendet, um Ritzen zu schließen und den Stock gegen Witterungseinflüsse zu isolieren. Das griechische Wort »Propolis« bedeutet »vor der Stadt«, denn die Bienen nutzen das Kittharz auch als Baustoff, wenn es gilt, das Flugloch zu verengen, um Feinden das Eindringen zu erschweren.

Im übertragenen Sinn ist der Stoff Biens Verteidigungslinie gegen Keime jeglicher Art. Die Königin bestiftet eine Zelle mit einem Ei erst, nachdem eine Arbeiterin sie mit einer mikroskopisch dünnen Schicht Propolis überzogen hat, wodurch sie keimfrei wurde. Im Inneren des Stocks getötete Eindringlinge, die zu groß sind, um hinausgeworfen werden zu können, wie Mäuse, Schlangen oder Totenkopfschwärmer, werden ebenfalls mit einer Schicht Propolis keimfrei mumifiziert. Diese Beobachtung nutzten die alten Ägypter und verwendeten Propolis gemeinsam mit Honig zum Einbalsamieren ihrer Mumien.

Jedes Bienenvolk hält sich eine kleine Gruppe Arbeiterinnen als Spezialistinnen in Sachen Propolis. Diese kleine, eingeschworene Gemeinschaft verbringt oft lange Ruhezeiten, in denen sie ganz still im Energiesparmodus irgendwo im Stock sitzt, ohne vom allgemeinen Gewusel auch nur im Geringsten angesteckt zu werden. Doch sobald Not am Mann ist, wenn sich in der Behausung Risse auftun oder das Einflugloch wegen drohender Angreifer verkleinert werden muss, legen sie sich mächtig ins Zeug.

Im Herbst ist Hauptsammelzeit. Die Bäume beginnen ihre jungen Knospen für das nächste Jahr zu bilden. Diese sind mit einer schützenden Harzschicht überzogen, die das Maurerteam dann abknabbert und in der Folge mit Pollen, Mandibelsekret und Wachs zu einer viskosen Masse knetet und verbaut. Das Endprodukt enthält etwa fünfzig Prozent Harze, dreißig Prozent Wachs, zehn Prozent Pollen und zehn Prozent ätherische Öle. Die antibiotischen, antimykotischen und antiviralen Eigenschaften von Propolis, das im Stock eine bräunlich-rote Farbe hat, werden seinem hohen Anteil an Flavonoiden zugeschrieben. Das sind sekundäre Pflanzenstoffe, die im Pflanzenreich universell vorhanden sind. Man kennt etwa achttausend Verbindungen. Ihnen wird eine starke antioxidative Wirkung zugeschrieben.

Man kann Propolis ernten, indem man es einfach von den Beutenwänden herunterkratzt oder indem man ein feines Gitter in den Stock hängt, das vom Bautrupp als störend empfunden und deshalb zugekittet wird. Auf diese Weise lässt sich pro Volk und Jahr etwa ein halbes Kilogramm Propolis ernten. Das Propolisgitter legt der Imker einfach eine Weile in die Tiefkühltruhe, bis das Bienenkittharz hart und spröde geworden ist und sich problemlos herausbröseln lässt. Ich habe stets ein Fläschchen von in hochprozentigem Ethanol aufgelöstem Propolis in meiner Haus- oder Reiseapotheke. Es hilft bei der Behandlung kleinerer Wunden der Haut, bei Bronchitis, Lippenherpes, Mund-, Rachen-, Mandel- und Kehlkopfentzündungen, Ohrentzündungen, Stirn- und Nebenhöhlenentzündungen, leichten Verbrennungen, Ekzemen, Akne, Narben, Abszessen, Schuppenflechte, Magenleiden, Gürtelrose und Zahnfleischentzündungen.

Unsere Tochter litt als Kleinkind unter einer chronischen Mandelentzündung. Manch ein Arzt hätte die Mandeln sicherlich gerne herausoperiert. Mein Hausarzt riet mir jedoch von der OP ab, denn die Mandeln sind Lymphgewebe und damit wichtig für unser Immunsystem. Propolis war uns eine große Hilfe, die Operation zu umgehen. Bei geschwollenen Mandeln verabreichten wir ihr zwei- bis dreimal täglich ein paar in Alkohol gelöste Tropfen.

In der osteuropäischen Volksheilkunde erfreut sich das Bienenkittharz seit jeher großer Beliebtheit, weswegen es auch »russisches Penicillin« genannt wird. Noch während des Zweiten Weltkriegs wurde es in den russischen Feldlazaretten standardmäßig zur Wundversorgung genutzt. Aber Achtung: Bei etwa einer von tausend Personen löst Propolis eine allergische Reaktion aus. Diese kann ziemlich heftig ausfallen.

Der Stoff kann aber noch mehr. Man kann ihn dank seiner fungiziden und antibakteriellen Eigenschaften auch als Holzschutzmittel verwenden, ohne die Nebenwirkungen befürchten zu müssen, die gerade im Innenbereich von entsprechenden chemischen Komponenten ausgehen. Die enthalten schon mal Lindan, das unter Hitzeeinwirkung zur Senfgaskomponente Phosgen und Chlorwasserstoff zerfällt oder in andere giftige Chlorverbindungen, wie zum Beispiel Chlornaphthalin, das in Mottenkugeln vorkommt und krebserregend ist.

Als ich ein Kind war, in den siebziger Jahren, verbrachte ich einige Wochenenden im neuerbauten Haus einer Kollegin meines Vaters, die einen Sohn in meinem Alter hatte. Wir verstanden uns gut und spielten ausgiebig unter den frei liegenden Deckenbalken des modernen Baus, welche mit Xyladecor oder Xylamon gestrichen waren. Erst erkrankten die Kinder an Krebs, dann die Eltern. Mit Propolis wäre das wahrscheinlich eher nicht passiert.

Holzlacke verhelfen auch Musikinstrumenten zu einem guten Klang. Wichtig ist bei Instrumenten, dass die Lacke eine enge Verbindung mit dem Material Holz eingehen. Propolis ist vom molekularen Aufbau her eng mit dem Lignin im Holz verwandt und leistet diese enge Bindung an das Holz bestens. Es gibt Fachleute, die den einzigartigen Klang der Instrumente des italienischen Geigenbauers Antonio Giacomo Stradivari (1644 bis 1737) auf den speziellen Lack zurückführen, den er bei deren Bau verwendete. Der Geigenbaumeister hütete die Rezeptur seines Lacks als Berufsgeheimnis. Analysen der Instrumente kamen indes zu dem Resultat, dass Propolis ein fester Bestandteil davon ist.

Perga

Den in die Zellen eingelagerten Pollen bezeichnet man als »Bienenbrot« oder »Perga«. Frischer Pollen ist ein schnell verderbliches Lebensmittel. Ich stelle ihn daher nach der Ernte in den Kühlschrank, wo er sich einige Tage hält, denn frisch schmeckt er am besten. Wer Pollen lagern will, tut gut daran, ihn so schnell wie möglich zu trocknen. Sonst fängt er an zu schimmeln. Da Bienen weder über Kühlschränke noch über Trocknungsmöglichkeiten für den Pollen verfügen, machen sie ihn haltbar, indem sie ihn beim Einlagern mit Mandibelsekret durchmischen, was ihn fermentieren lässt. Anschließend stampfen sie ihn in die Zellen, wodurch er eine sechseckige Form erhält. Am Ende wird das Perga mit einer hauchdünnen Schicht Propolis überzogen. Die Pollenzellen werden gerne im Halbkranz um das Brutnest angebracht. Ist viel Perga vorhanden, werden ganze Waben damit gefüllt. Sie changieren farblich zwischen verschiedenen Rot- und Gelbtönen und sehen hübsch aus.

Manche Imker ernten Perga. Es wird dann aufwendig aus den Zellen herausgeschnitten und wie normaler Pollen getrocknet. Im Handel erzielt es Preise von bis zu 100 Euro im Kilo. Neben Eiweiß und Zucker enthält er verschiedene Aminosäuren und Vitamine. Er schmeckt mild und süß. Schon die Wikinger wussten seine nahrungsergänzenden Qualitäten zu schätzen und führten ihn bei ihren Plünderfahrten über die Nordmeere als Proviant auf ihren Drachenbooten mit sich.

Gelée royale

Gelée royale wurde früher Weiselfuttersaft genannt. Das Problem an der althergebrachten deutschen Bezeichnung des königlichen Stoffes: Sie klingt nicht besonders sexy. Und das macht die Vermarktung schwieriger. Längst hat der Kapitalismus seine gierigen Finger nach der Substanz ausgestreckt, die dafür sorgt, dass aus einem x-beliebigen Ei statt einer Arbeiterin eine Königin schlüpft. China ist mit mehreren zehntausend Tonnen Jahresproduktion

Gelée royale weltweiter Marktführer. Folgerichtig spielt er in der traditionellen chinesischen Medizin seit vielen Generationen eine gewichtige Rolle.

In den westlichen Kulturen ist Gelée royale erst kürzlich über den Kreis der Eingeweihten hinaus bekannt und zum Lifestyle-produkt geworden. So findet man es dank seiner Anti-Aging-Eigenschaften in allerlei Hautcremes. Als Nahrungsergänzungsmittel hilft es gegen Wehwehchen wie Kopfschmerzen, schädliche Cholesterinwerte oder bei Libidoproblemen bei Mann und Frau. Es ist sicherlich nicht das Allheilmittel gegen Krebs, AIDS oder sonstige Plagen der Menschheit, als das es lange Zeit von allerlei Quacksalbern beworben wurde. Doch dank seiner reichhaltigen Inhaltsstoffe wie verschiedenster Aminosäuren, Mineralien, mehrerer Zuckerarten, Fett und Vitamine übt es ähnlich wie Honig, Perga oder Pollen viel positiven Einfluss auf den menschlichen Organismus aus. Es hilft nicht nur als unterstützende Nachbehandlung bei einem Schlaganfall, sondern auch gegen schlechte Laune und Depressionen. Im Handel ist das Kilo für etwa 100 Euro zu haben.

Man sollte Gelée royale in Form einer vierwöchigen Kur zu sich nehmen, bei einer Tagesdosis von nicht mehr als einem Gramm. Höhere Dosen oder ein zu langer Gebrauch können dazu führen, dass durch seine antibakterielle Wirkung nach einer Weile die Darmflora leidet. Die Kuren sollte man nicht öfter als drei- bis viermal pro Jahr durchführen. Gelée royale gibt es in verschiedensten Darreichungsformen – von Pillen und Dragees sollte man jedoch absehen, da sich seine Wirkung am besten über die Mundschleimhaut entfaltet. Der Geschmack ist eigenartig säuerlich und für manch einen sicherlich gewöhnungsbedürftig. Ich mag ihn. Diejenigen, die ihn nicht mögen, können zur zweitbesten Lösung greifen und Gelée royale mittels Zäpfchen über die Rektalschleimhaut wirken lassen.

Die seltenen Gelegenheiten, bei denen ich Gelée royale zu mir nehme, ergeben sich in der Regel, wenn ich zur Schwarmverhinderung Weiselzellen aus der Brutwabe herausbrechen muss. Normalerweise ist dann vorher beim Betrieb etwas schiefgegangen, ich habe die Völker nicht genügend geschröpft oder ihnen nicht genug Raum für ihren Bautrieb gegeben. Bevor ich eine Weiselzelle herausbreche, nehme ich sie lieber dazu her, einen neuen Ableger zu bilden. Manchmal jedoch geht es nicht anders. Aus Bequemlichkeit, Zeit- oder sonstigen Gründen breche ich eine Weiselzelle ab und lutsche sie noch am Bienenstand mitsamt der darin enthaltenen Larve aus. Der Geschmack bleibt lang im Mund erhalten und vermittelt mir das Gefühl, die geballte Kraft des Biens in mich aufgenommen zu haben.

Den sechsten bis zwölften Tag ihres im Sommer circa sechs Wochen während Lebens verbringt eine Arbeiterin als Ammenbiene. Nur während dieser Zeitspanne ist ihre Futtersaftdrüse aktiv. Den darin produzierten Weiselfuttersaft vermischt die Ammenbiene vor der Gabe an die Königinnenlarve mit dem bereits erwähnten Mandibeldrüsensekret, das auch bei der Produktion von Perga zum Einsatz kommt. In den ersten drei Tagen ihres Larvenstadiums bekommen alle Bienenlarven Gelée royale. Danach werden die Drohnen und Arbeiterinnen mit einem Futtersaft versorgt, der eine andere chemische Zusammensetzung hat, während die Königinnenlarve bis zur Verdeckelung ihrer Zelle nach neun Tagen weiterhin Gelée royale erhält. Einmal begattet und zurück im Stock, wird sie ihr Leben lang mit der Power-Food versorgt.

Zur Gewinnung von Gelée royale geht man vor wie bei der Königinnenzucht. Man hängt künstliche Weiselzellen in den Stock, in die per Umlarvlöffel je ein Ei hineinbefördert wird. Nach drei Tagen nimmt man die Weiselrähmchen aus dem Stock heraus, befreit sie von ihren Wachsdeckeln, saugt erst die Königinnenlarven ab und danach das Gelée royale heraus. Auf diese Art können pro Volk und Jahr etwa ein halbes Kilogramm gewonnen werden. Dabei darf nicht vergessen werden, dass ein Bien durch den Zwang, solch große Mengen des Weiselfuttersaftes herstellen zu müssen, unter enormen Stress gesetzt wird, der zu seinem Kollaps führen kann. Viele Imker, darunter auch ich, lehnen die erwerbsmäßige Produktion von Gelée royale schon aus ethischen Gründen ab.

Drohnenbrut

Zur Reduzierung der Varroamilben im Stock werden Drohnenwaben ausgebrochen. Wie beschrieben, füttere ich diese gern den Hühnern meiner Mutter, obwohl ich der Auffassung bin, dass die Menschheit aus verschiedensten Gründen der Nachhaltigkeit mehr Insekten essen sollte. Wäre die Ressource Insekt hierzulande als das wertvolle, eiweißreiche Nahrungsmittel anerkannt, die sie sein könnte und in anderen Regionen bereits ist, würde sicherlich auch schonender mit ihr umgegangen werden, als das heute der Fall ist.

Bei lebendigem Leib verschlungen, schmeckt eine Drohnenlarve angenehm süßlich. Mein aus Somalia stammender Freund Yonis, der als Bootsflüchtling die gefährliche Fahrt über das Mittelmeer wagte und heute bei uns im Rheintal lebt, findet genauso wenig wie ich etwas dabei, die Larven auf diese Art, also quasi in Form einer Paläodiät zu verzehren. Es gibt jedoch natürlich auch leckere Rezepte zur verfeinerten Darreichungsform. Mit Knoblauch und grünem Spargel in Olivenöl geröstet erinnern sie geschmacklich an Scampi und passen prima zu Spaghetti. Phantasie und Experimentierfreude sind keinerlei Grenzen gesetzt. Tiefgefroren lassen sich die Larven übrigens leicht aus der Wabe herausbrechen.

Stockluft

Wer der Meinung ist, bei seiner Wanderung durch blühende Landschaften Darth Vader neben einem Bienenstock sitzend begegnet zu sein beziehungsweise gehört zu haben, den kann ich beruhigen: Höchstwahrscheinlich handelt es sich bei der Erscheinung nur um einen Mitmenschen mit Atemwegserkrankung, der durch die Stockluftherapie Linderung für seine Leiden sucht. Stockluft enthält verschiedenste ätherische Öle, Propolis, Pollen und sekundäre Pflanzenstoffe, sogenannte Flavonoide, die gegen freie Radikale wirken. Ich als Imker liebe den Duft der Bienenstöcke und bekomme die Therapie frei Haus bei jeder Schwarmkontrolle mitgeliefert. Sie entschädigt meine Lunge für all den Qualm, dem sie durch den Einsatz des Smokers ausgeliefert ist.

Zum professionellen Einsatz am Patienten wurde das Api-Air-Inhalationsgerät entwickelt. Auf dem Bienenstock angebracht, saugt es die Stockluft ab und befördert sie über einen Schlauch in eine Inhalationsmaske. Es gibt Imkereien, die vermieten das Gerät gemeinsam mit einem Bienenstock. Stockluft lindert Bronchitis, Asthma, Pseudokrupp, Nebenhöhlenentzündungen und die chronische Triefnase. Außerdem hilft sie bei Depressionen, verschiedensten Allergien, Migräne und stärkt allgemein unser Immunsystem. Kein Wunder, dass die Pharmaindustrie Stockluft nicht mag. Mit Stockluft ist für sie kein Geld zu verdienen. Man kann sie weder standardisieren noch in Tüten verpackt an Apotheken liefern. Bei ihr fehlen, genau wie bei den meisten anderen apitherapeutischen Heilstoffen, die klinischen Studien. Ohne die aber ist die Gesundheitsbürokratie nicht glücklich. Imker jedoch wissen seit Alters her um ihre positive Wirkung auf den geschunden Organismus des zivilisierten Menschen.

So sorgte im Jahr 2015 das Thüringer Gesundheitsamt in Jena für ein Politikum, als es der Heilpraktikerin Janett Conrad unter Androhung von Strafgeldern den Einsatz der Bienenluft verbot.

Für den Patienten bestünde Gefahr für Leib und Leben, argumentierte das Amt, da er durch die Stockluft allergene Partikel tief in die Lunge aufnehme. Außerdem laufe er Gefahr, von einer Biene gestochen zu werden. Dem Amt war es vollkommen egal, dass Frau Conrad in ihrem ersten Leben als Krankenschwester auf einer Intensivstation ihren Dienst getan hatte und bei der Therapie stets ein Notfallköfferchen mit Antiallergenen bei sich trug. Auch das Nichtvorhandensein jeglicher Literatur über Komplikationen bei der Bienenlufttherapie spielte keine Rolle. Die Thüringer Beamten hielten einfach »eine Durchführung der Inhalationsbehandlung durch einen Nichtarzt im Ergebnis für nicht verantwortbar«. Außerhalb Thüringens bleibt die Therapie zum Glück bis dato legal.

Apitoxin

Mit Bienengift hingegen lässt sich durchaus Geld verdienen. Auf einer kleinen Halbinsel an der sturmumtosten Südküste Irlands besitzt meine Familie ein Ferienhaus. Unser alter Nachbar dort, ein pensionierter Seemann, hält Bienen. Der Honig, den er produziert, ist sehr geschmackvoll. Dies liegt wohl auch an den reichen Heidekrauttrachten, die auf dem kargen Land entlang der Klippen gedeihen. Vor einigen Jahren hat sich ein Polizistenpaar ein Haus auf der Halbinsel gebaut. Der Berufsstand des Polizisten ist in Irland nicht sonderlich beliebt. Vor allem dann nicht, wenn ihretwegen die Fahrt vom Pub nach Hause mit einem Führerscheinentzug endet. Schnell war für nachbarschaftlichen Clinch gesorgt und das böse Wort »Gestapo« etablierte sich auf der kleinen Halbinsel, wenn von den beiden die Rede war. Eines Tages unternahm die Polizistin mit ihrem Hund einen Spaziergang, der sie angeblich an den Bienenständen des alten Seebären vorbeiführte. Nach eigenen Angaben stach sie auf diesem Gang eine Biene. Fakt ist auf jeden

Fall, dass sie den Imker verklagte und von dessen Versicherung mehr als 20 000 Euro Schmerzensgeld erstritt. Seither mag der alteingesessene Nachbar die beiden Polizisten noch weniger.

Doch Spaß beiseite. Laut dem Deutschen Apitherapie Bund e.V. (DAB) wirkt Bienengift durchblutungsfördernd, bakterizid, fungizid und viruzid, fördernd für die körpereigene Bildung von Hormonen wie ACTH oder Adrenalin, außerdem antikoagulant (blutverdünnend), zytostatisch (gegen Tumore), cholesterinsenkend, bei Neuralgien schmerzlindernd und positiv auf das Nervensystem. Selbst die von Zecken übertragene Borreliose kann man mit Bienengift in den Griff bekommen.

Der Hauptwirkstoff des Apitoxins heißt Melittin. Es wirkt gefäßerweiternd und allergen. Bienengift regt in der Nebennierenrinde die körpereigene Cortisolbildung an. Der dem Cortisol nachempfundene, im Labor entwickelte Stoff Kortison findet bei Asthma, Rheuma, Nierenentzündungen und Neurodermitis Anwendung. Auf Basis von Bienengift wird eine Reihe von Rheumasalben hergestellt.

Man erntet es, indem man entweder die Bienen durch eine Folie stechen lässt oder indem man einen Draht am Stockeingang anbringt, durch den ein elektrischer Impuls fließt, der die Bienen zur Leerung ihrer Giftblase reizt. Derart präparierten Bienenstöcken sollte man sich nur mit höchster Vorsicht nähern, denn die künstlich in permanente Alarmbereitschaft versetzten Tiere lauern nur darauf, jedweden sich nähernden vermeintlichen Feind endlich attackieren zu können. Die Pharmafirma Mack in Illertissen war zeitweilig mit mehr als tausend Bienenvölkern der größte Imkereibetrieb Deutschlands. Bei ihr ging es aber ausschließlich um die Produktion von Bienengift.

Bienengift spielt, wie andere Bienenprodukte auch, in der traditionellen chinesischen Medizin eine herausragende Rolle. Hartgesottene setzen sich einer »Apipunktur« aus. Hierbei wird der Biene mit einer Pinzette der Stechapparat herausgerissen und anschließend in einen Akupunkturpunkt gestochen.

Die Hundsrose ist eine gute Bienenweide. Die hübschen Blüten liefern reichlich Pollen und Nektar.

Bei der Krebstherapie zeigen Studien, dass unerwünschte Nebenwirkungen der Chemotherapie wie Schmerzen oder permanentes Hautkribbeln durch Gaben von Apitoxin verringert werden können. Besonders günstig wirkt die Kombination des Bienengifts mit Morphiumderivaten. Seine tumorzersetzenden Eigenschaften sollen in Zukunft aber auch direkt den Krebspatienten zugutekommen. Bei Versuchen an der Washington University in St. Louis, Missouri, injizierten Wissenschaftler im Jahr 2009 krebskranken Mäusen mit Bienengift präparierte Nanopartikel. Nach vier bis fünf Injektionen waren Brustkrebsgeschwüre um ein Viertel und Melanome um ganze 88 Prozent geschrumpft.

Bienengift hat eine opalisierende Farbe und einen sauren pH-Wert von 4,5 bis 5,5. Seine Produktion findet in zwei Drüsen am Hinterleib der Biene statt. Während die Bienen ihren Tätigkeiten im Innenbereich des Stocks nachgehen, füllen diese nach und nach die am Stachel sitzende Giftblase. Am Ende des Innendienstes steht die

Wächterfunktion am Eingang des Stocks. Nun, kurz bevor sie zu Sammelbienen werden, sind ihre Giftblasen prall gefüllt. Kämpfen Bienen miteinander oder mit anderen Insekten, versuchen sie den tödlichen Stich in die flexiblen Häute zwischen den Chitinplatten des Exoskelettes anzubringen. Bei einem Stich in die Haut eines Säugetiers oder Vogels reißt der Stachel wegen seines Widerhakens mitsamt der Giftblase aus dem Hinterleib der Biene heraus. Die Biene stirbt und der Stachel schiebt sich selbsttätig durch eine von einem eigenen Nervenknoten stimulierte Stachelmuskulatur tiefer und tiefer in die Haut des Opfers, während die Giftblase sich leerpumpt.

Übrigens: Am besten kratzt man einen Bienenstachel mit dem Fingernagel heraus. Nimmt man zwei Finger oder gar eine Pinzette zur Hilfe, erreicht man nämlich, dass die Giftblase komplett leergequetscht wird und sämtliches Gift in der betroffenen Hautpartie landet.

Das Gift von Wespen und Hornissen ähnelt dem Bienengift. Doch haben die Stachel dieser Hautflügler keinen Wiederhaken. Sie können also mehrfach zustechen, ohne dass es ihnen schadet. Wird man von einer Wespe gestochen, weiß man nicht, wo sie ihren Stachel schon überall drin gehabt hat. Deshalb gilt der Bienenstich im Gegensatz dazu als »sauber«. Den eingangs beschriebenen »herzhaften Schmerz« habe ich im Bewusstsein der gesundheitsfördernden Eigenschaften des Apitoxins gelernt, willkommen zu heißen. Diese Saison habe ich unter meinen sonst recht zahmen und lieben Biens einen angriffslustigen Gesellen, der mich bei jeder Schwarmkontrolle zuverlässig damit versorgt.

Bienenprodukte und der Umgang mit Bienen sind in der Regel gut für die Gesundheit, wenn man vom anaphylaktischen Schock und den Allergieopfern absieht. Als eindeutiges Indiz hierfür dürfte das hohe Lebensalter dienen, das sehr viele Imker erreichen – so sie nicht beim Schwarmfang von einem Baum fallen und sich dabei das Genick brechen.

Paketbienen

Paketbienen stellen wohl nur im entfernteren Sinne ein Produkt des Biens dar. Weil sie jedoch für einen Imkereibetrieb eine Möglichkeit der Einkommenssteigerung sind, werde ich sie trotzdem in diesem Kapitel behandeln. Bei Paketbienen handelt es sich um sogenannte »Kunstschwärme«.

Beim Kunstschwarmverfahren werden je nach Jahreszeit zwischen eineinhalb und zweieinhalb Kilogramm Bienen, oft aus verschiedenen Völkern, über einen Trichter in eine spezielle, zur guten Belüftung seitlich mit Gittern versehene Box gefegt – dem Kunstschwarmkasten. Nach etwa zwei Stunden beginnen die Bienen ein heulendes Geräusch von sich zu geben; sie brausen. Das heißt, sie werden unruhig, weil sie merken, dass ihnen die Königin fehlt. Nun ist der Zeitpunkt gekommen, eine junge, am besten bereits begattete Königin in einem fest verschlossenen Käfig dazuzusetzen. Innerhalb weniger Minuten hört das Brausen auf und eine dichte Traube bildet sich um die neue Herrscherin.

Anschließend nimmt man den Kunstschwarm in Kellerhaft. Er wird zwei bis drei Tage an einen dunklen, kühlen Ort gestellt und erhält in dieser Zeit Futter in Form von Zuckerwasser oder Futterteig. Dort freundet sich der künstlich zusammengewürfelte Haufen miteinander und mit dem Geruch der neuen Königin an. Außerdem aktivieren sich bei den Tieren die Wachsdrüsen – die ja, wie wir schon wissen, eigentlich nur bei jungen Tieren zwischen dem elften und dem achtzehnten Lebenstag aktiv sind. Beim Schwärmen müssen jedoch alle mithelfen beim Bau, damit in der neu bezogenen Wohnung rasch neue Waben für Futter und Brut entstehen.

Nach der Kellerhaft wird der Kunstschwarm einlogiert. Man befördert ihn mit einem kräftigen Stoß aus dem Kunstschwarmkasten in eine leere Zarge. Danach gibt man frische Mittelwände dazu und stellt ihn, wie einen Ableger, mindestens drei Kilometer von seinem ursprünglichen Standort entfernt auf. Nach dem Einlogieren lässt sich der Kunstschwarm gut mit Milchsäure gegen die Varroamilben behandeln.

Bei Paketbienen übernimmt der Käufer das Einlogieren. Ein auf diese Weise erworbener Kunstschwarm ist nicht gerade billig: Man muss bis zu 150 Euro für ihn hinblättern. Kunden haben die Wahl, eine *ligustica-*, *carnica-* oder *buckfast-*Königin ins Paket gepackt zu bekommen. Manche Händler bieten auch *caucasica* oder die dunkle, nordeuropäische *mellifera* zum Versand an. Ab fünfundzwanzig Völkern gibt es Rabatt, ab hundert wird es noch einmal billiger.

Kritiker befürchten, dass durch den Versand von Paketbienen Krankheiten und Parasiten wie zum Beispiel der Kleine Beutenkäfer global verbreitet werden können. Aktuell gibt es wegen des Käfers eine Quarantänezone im italienischen Ligurien, die den dortigen Imkern das Geschäft mit den Paketbienen verdorben hat. Auch haben seltene lokale Rassen, wie beispielsweise die sizilianische *Mellifera sicula,* das Nachsehen, wenn durch den Paketversand Hochleistungszüchtungen immer weiter verbreitet werden.

6
Honig versus Zucker

Den Schwächeren überfallen, ihn ermorden, um die Hände auf seinen Besitz legen zu können, ihn ausplündern – dieses Benehmen findet sich nicht nur unter Vertretern der »Schöpfungskrone Mensch«. Auch unserem Herrn Bien ist das Verhaltensmuster nicht ganz unbekannt. Vor allem in Zeiten knapper Nahrung fallen stärkere Völker über schwächere her, rauben den Honig und töten einen großen Teil des überfallenen Volkes. Der Imker spricht dann von »Räuberei«. Aufgebrochene Honigwaben und auch Zuckerwasser können der Funke sein, der die Räuberei auslöst. Einmal im Gange, ist sie kaum noch zu stoppen. Bitter ist dabei, dass auch das räubernde Volk sich bei diesem Phänomen selbst ordentlich dezimiert. Denn auch die Überfallenen besitzen Stachel und geben ihren Honig nicht ohne Gegenwehr her. Fast immer wird Räuberei durch einen Fehler des Imkers losgetreten.

Als Imker profitieren ich und in gewisser Weise auch meine Bienen von billigem Rübenzucker. Nach der Honigernte füttere ich die Völker mit jeweils sieben Kilo Zucker, die ich in sieben Liter Wasser auflöse. Das Zuckerwasser kippe ich in Eimer, die ich mit einem perforierten Deckel verschließe und kopfüber mit auf die Wabengassen stülpe. Das Ganze verschwindet in einer leeren Zarge, Deckel drauf und fertig. Nach drei Tagen ist ein solcher Eimer restlos leergeschleckt und das Zuckerwasser in den Zellen eingelagert. Dieser Vorgang nennt sich »Einfüttern«. Sicherlich wäre die Honigernte auch ohne Einfüttern möglich, man müsste sie dann aber deutlich einschränken. Nimmt man ihnen nämlich ohne Zufütterung zu viel des Honigs weg, verhungern die Bienen im Winter. Letztendlich dient das Einfüttern also der Ertragssteigerung. Der Gefahr des Räuberns erwehrt man sich, indem man alle Völker gleichzeitig einfüttert. Dann sind alle Völker so mit sich selbst beschäftigt, dass sie dem Zucker des Nachbarn keine Beachtung mehr schenken. Besitzt man selber jedoch nur einen kleinen Stand mit wenigen Kisten und hat der Nachbar einen großen mit dreißig, vierzig oder mehr Völkern, kann es zu Problemen kommen, wenn man sich nicht abstimmt.

Viele Imker setzen daher heutzutage auf Zuckerteig, den man entweder selbst herstellen oder kaufen kann. Die gekaufte Variante allerdings ist deutlich teurer als das Zuckerwasser. Auch wird Futterteig ab einer bestimmten Zeit im Herbst nicht mehr so gerne von den Bienen angenommen. Sein Vorteil liegt in der einfachen Handhabung und einer geringeren Gefahr von Räuberei.

Nach der Honigernte füttere ich die Bienen mit Zuckerwasser ein.

Billiger Zucker ist der Imkerei also förderlich. Dennoch will ich in diesem Kapitel vom Zucker als Konkurrenzprodukt des Honigs berichten. Die meisten Menschen kannten bis zur Einführung des Zuckers nur Honig und eingedickte Fruchtsäfte als Süßungsmittel. Zuckerrohr stammt ursprünglich aus Indonesien. Die Araber brachten es nach Spanien, von dort gelangte es über die Kanarischen Inseln in die neue Welt. Im 16. Jahrhundert begann man in Brasilien die ersten großen Plantagen anzulegen – und so wurde die Kostbarkeit Süß für alle erschwinglich. Den Preis zahlten aus Afrika geraubte Sklaven. Ein Holocaust ungeheuren Ausmaßes nahm seinen Anfang. In Westafrika wurden ganze Landstriche entvölkert. Die durchschnittliche Überlebensdauer eines Sklaven auf den Zuckerrohrplantagen betrug fünf Jahre. Danach war er zu Tode geschunden. Diejenigen, die gar nicht erst in Südamerika ankamen, weil sie schon bei den Überfällen der Sklavenjäger auf ihre Dörfer ermordet wurden oder den Transport auf den überfüllten Sklavenschiffen nicht überlebten, ließen den Leichenberg weiter wachsen. Die brutale Geschichte der Ausbeutung ist noch lange nicht zu Ende erzählt.

Wie tief dieses Trauma in den Herkunftsländern der Sklaven auch heute noch sitzt, musste ich erfahren, als ich mit meiner Frau Ghana bereiste. Am Strand von Komenda stehen zwei düstere, burgähnliche Gemäuer, das eine von den Briten, das andere von den Holländern errichtet. In diesen Forts wurden die eingefangenen Menschen zusammengepfercht und harrten auf ihren Abtransport in die neue Welt. Meine Frau und ich waren damals noch sehr jung, gerade Anfang zwanzig, und hatten am Strand die Bekanntschaft mit einigen freundlichen ghanaischen Studenten gemacht. Die Studenten gaben die Touristenführer und kletterten mit uns auf das britische Fort. Dort gab es mächtig Ärger mit dem Wächter. Er wohnte zwischen den Zinnen des Forts in einer mit Palmwedeln gedeckten Hütte und empfand es offensichtlich als absolutes Sakrileg, dass Menschen mit weißer Hautfarbe diesen Ort betraten. Schande ist anscheinend vererbbar. Es war das einzige Mal auf unserer Reise durch Afrika, diesem Kontinent der Gastfreundschaft, dass wir mit Schimpf davongejagt wurden.

Zucker gilt heute vielen als schädlich. Nicht nur ist seine Produktion für die Zerstörung der tropischen Wälder mitverantwortlich, sondern er gilt auch als Ursache für Fettleibigkeit, Diabetes und eine Reihe von Herz-Kreislauf-Erkrankungen. Zuckerrohr wird unter hohem Einsatz von Kunstdünger und Insektiziden angebaut. Ökozid, Sklaverei und Verbrechen an der Menschlichkeit sind die Folgen, seit der Mensch sich am Bien vorbei das Leben versüßt. Das musste ich auch im tropischen Mexiko erfahren.

Mexikaner mögen es süß. Hier wird mit dem Esslöffel gezuckert. Es gibt viele Pummelchen, die man liebevoll *gordito* beziehungsweise *gordita* nennt. Mexikaner lieben Zucker. Honig wird zwar vielerorts mit dem Tanklaster geerntet, doch spielt er in der mexikanischen Küche längst nicht die Rolle wie der Zucker und geht größtenteils in den Export. Er wird an Straßenständen in Flaschen angeboten. In der tropischen Hitze bleibt er immer flüssig und man gibt ihn gerne über die köstlichen Fruchtsalate. Honig ist in Mexiko relativ teuer, Zucker hingegen billig. Man hat ihn normalerweise in einem an eine Mülltonne erinnernden Vierzig-Kilo-Plastikeimer mit Deckel im Haus. Der Preis, den Mexiko für ihn zahlt, ist dennoch hoch.

Ich wohnte um die Jahrtausendwende eine Weile mit meiner schwangeren Frau und unserem kleinen Sohn auf dem Rancho unseres mexikanischen Freundes Carlos im Drei-Staaten-Eck von Veracruz, Oaxaca und Puebla. Es liegt an den Ufern des Río Petlapa. Das nächste Dörfchen heißt Naranjastitla, das bedeutet »Apfelsinchen«. Der Name ist ein Mischprodukt aus dem spanischen *naranja* und dem Diminutiv *titla*, das dem Nahuatl entstammt – jener Sprache der Azteken, der wir unter anderem das Wort »Tomate« zu verdanken haben. Paradoxerweise leben in dem Dorf aber Menschen vom Volk der Mazateken, deren Sprache mit Nahuatl wenig bis gar nichts gemein hat. Ihre Schamanen haben es mit dem Gebrauch halluzinogener Pilze zu einiger Bekanntheit gebracht. Die berühmteste hieß María Sabina. Viele amerikanische Hippies pilgerten zu ihr und verehrten sie als eine Art archaisches Gegenstück zum LSD-Guru Timothy Leary. Doch dies nur am Rande.

Vom Rancho aus unternahm ich, mit einer Machete und einem Rucksack bepackt, gerne Ausflüge in die umliegenden Wälder, um unseren Vorrat an wildem Obst aufzufrischen. Es wachsen dort allerhand leckere Früchte: Schwarze Sapote, Sapote Mamey, Chico Sapote, Limón Mandarina, Guaven, Stachelannonen, Cherimoya, um nur einige zu nennen. Zu diesem Zweck erklomm ich unter der gleißenden Tropensonne erst die gerodeten Hänge, wo die Dörfler ihren Mais anbauen und man sich jede Menge winziger Zecken fängt, die in der Landessprache *pinolillo* genannt werden. Sie sind sehr lästig und allgemein gefürchtet. Unter dem Schatten der ersten Urwaldgiganten gab es einen klaren Quell, wo ich mich von Kolibris umschwirrt erfrischte, bevor es weiter hinauf in die Tafelberge ging. Oberhalb der steilen Felsen gedeiht noch üppiger Regenwald. Die Mazateken bauen hier ihren Kaffee an. Man hat eine herrliche Aussicht über eine weite Ebene. Von hier oben macht es den Eindruck, als gediehen allenthalben herrlich grüne Wiesen – in Wahrheit sind es jedoch gigantische Zuckerrohr-Monokulturen. An ihrer Stelle wuchs noch bis in die sechziger und siebziger Jahre der schönste Urwald, schwangen sich Affenhorden durch die Bäume, flogen Gelbstirnamazonen mit Tukanen um die Wette, gab es jagdbares Wild und angenehmen Schatten. Diese Zeiten sind vorbei. Dafür hat die Zuckerindustrie gesorgt.

Carlos' Zwillingsbruder Jaime wohnt in dem kleinen Städtchen Acatlán, das in dieser Ebene liegt, und besitzt einige Hektar Land. Natürlich wächst dort, wie überall, Zuckerrohr. Er ist der Pate meiner Kinder und ich hatte ausgiebig Gelegenheit, ihm bei der Arbeit zur Hand zu gehen. Unsere Tage begannen immer gleich. In der *madrugada*, der Stunde vor der Morgendämmerung, setzten wir uns in Jaimes klapprigen *vocho*, wie der VW-Käfer liebevoll in der Landessprache genannt wird, und fuhren los. Bei Sonnenaufgang gelangten wir in einen trostlosen kleinen Weiler mit viel Staub und wenig Schatten, inmitten der Zuckerrohrplantagen. Dort holten wir Juanito und seinen Esel ab. Juanito war ein kleiner Knirps von dreizehn Jahren, der eigentlich in die Schule gehört hätte. Sein Esel wurde mit zwei Fünfzig-Liter-Stahlkanistern bepackt und los ging es. Mein Job bestand darin, mit Juanito und dem Esel zu einem schlammigen Bach zu gehen, die Kanister mit Wasser zu füllen und die Ladung zu den Ölfässern zu bringen, die Jaime an strategischen Punkten aufgestellt hatte, um sie dort hineinzukippen. Die Fässer fassten zweihundert Liter, weswegen wir zweimal zu jedem Fass gehen mussten.

Juanito hatte ein freches Mundwerk und manchmal balgten wir uns liebevoll, um ein wenig Abwechslung in die eintönige Arbeit zu bringen. Dabei fiel mir auf, wie schockierend leicht der unterernährte Körper des Jungen war. Er war eine Feder, ein Fliegengewicht. Trotzdem musste er schon zur Feldarbeit antreten und mit mir zusammen fünfzig Kilo schwere Kanister wuchten. Am Ende des Tages ging Jaime herum und gab das Insektizidpulver in die frisch gefüllten Fässer. Ich glaube, es handelte sich um das hochgiftige DDT, das im Jahr 2000 in Mexiko noch zugelassen war. Ungefragt erklärte er mir damals, diese Arbeit könne er nicht seinen Arbeitern überlassen, denn sie würden das Pulver stehlen und in ihren Hosentaschen davontragen. DDT in der Hosentasche! Was für eine Vorstellung. Die Armut der Menschen in den Plantagen war so groß, dass das Gift ein stehlenswertes Gut darstellte.

Am nächsten Tag fuhren wir wieder in der Morgendämmerung durch den elenden Weiler und trommelten Tagelöhner zusammen.

Man braucht nicht zu glauben, dass die Männer sich um die Arbeit rissen. Kein Wunder bei einem Lohn von 50 Pesos am Tag. Damals waren das etwa 10 Mark. Zum Vergleich: eine kleine Flasche Bier kostete 12 Pesos, ein Pfund Bohnen 10, ein Kilo Tomaten 15. Eine fünfköpfige Familie wird von 50 Pesos am Tag also höchstens ein kleines bisschen satt. Und der Mensch braucht auch Kleidung, Schulhefte, Seife und Medikamente. Eine typische Konversation an solch einem Morgen verlief etwa so:

Jaime ruft in eine der Hütten hinein: »Pablito, steh auf. Es ist schon spät.«

»Ich habe keine Lust. Hau ab!«

»Du hast gesagt, du würdest arbeiten!«

»Du bist nicht mein Papa. Lass mich schlafen.«

Wir versuchten unser Glück bei den nächsten Hütten, bis wir vier Mann gefunden hatten, die schiere Not und Hunger nach draußen trieben. Sie füllten ihre Spritzen an den Ölfässern. Die Sedimente des schlammigen Bachwassers hatten sich nur zum Teil gesetzt, was dazu führte, dass die Spritzdüsen ständig verstopften. Die Tagelöhner lösten dieses Problem, indem sie die Düsen abschraubten, in den Mund steckten und kräftig durchpusteten. Das Zuckerrohr war bereits mehr als mannshoch gewachsen. Die Männer mussten also über Kopf sprühen und gingen die ganze Zeit im Pestizidnebel. Nach kurzer Zeit waren sie klatschnass. Natürlich trug niemand Schutzkleidung oder Atemschutzmasken. Mittags gab es Tortillas mit Bohnen, die Jaimes Frau zubereitet hatte. Wir aßen an einem kleinen Tümpel. Vor dem Essen ging einer der Männer mit sämtlichen Klamotten ins Wasser, um die Konzentration des beißenden Pestizids auf seiner Haut zu verringern. Die anderen wuschen sich vor dem Essen noch nicht einmal die Hände. Man braucht nicht viel Phantasie, um sich vorzustellen, was der enge Kontakt mit dem Insektizid für Gesundheit, Nachkommen und Lebenserwartung der Männer auf den Zuckerrohrplantagen bedeutet.

Unmittelbar vor der Ernte wird dann Feuer an das Zuckerrohr-feld gelegt. Die ungeheuren Brände sollen giftige Schlangen und Spinnen den Garaus machen und die scharfkantigen Blätter beseitigen. Dem Rohr selber macht das Feuer nichts aus. Die riesigen Brände sind eine Katastrophe für die Artenvielfalt und für die Klimabilanz des Zuckers. Durch die immense Feinstaubbelastung leiden viele Menschen in den Anbaugebieten an Atemwegserkrankungen.

Die Ernte selber wird fast durchweg von Hand ausgeführt. Es ist ein Knochenjob. Die Männer tragen bei der Arbeit Gummistiefel oder Flipflops. Schwerste Verletzungen sind an der Tagesordnung, wenn die Arbeiter sich die rasiermesserscharfe Machete in den Fuß hacken.

In völlig überladenen Lastern wird das geschnittene Rohr in die nächste Zuckerfabrik gefahren. Diese Laster stellen ein hohes Sicherheitsrisiko für die anderen Verkehrsteilnehmer dar. Nie werde ich das Gesicht des toten indianischen Teenagers unter der Stoßstange eines dieser Lkw vergessen. Es sah aus, als schlafe der Junge.

Die Zuckerfabriken werden *ingenio de azúcar* genannt. Hier wird das Rohr mit großen Walzen ausgepresst und der so gewonnene Zuckerrohrsaft durch Wärmezufuhr eingedickt. Wir fuhren unser Rohr zu der Fabrik mit dem schönen Namen »Constanzia«, was übersetzt Beharrlichkeit, Ausdauer bedeutet. Es liegt in Tozonapa. Über dem Ort wabert ständig ein infernalischer Gestank nach fauliger Gärung. Klebriger Staub prägt das Bild. Hier schuften Menschen mit verrußten Gesichtern. Als Brennmaterial unter den gigantischen Molassekesseln werden die getrockneten Pressrückstände verwendet. Schwarzer Qualm dringt ungefiltert aus den Schlöten und verpestet die Atemluft der Einwohner des kleinen Städtchens.

Mein *compadre* Jaime ist durchaus kein reicher Mann. Gut, anders als in den Hütten seiner Tagelöhner herrscht in seinem Haus kein Hunger. Seine Kinder konnten die Schule besuchen. Aber für viel mehr reicht auch bei ihm das Geld nicht. Er ist ein kleines Rädchen im Getriebe dieser süßen Hölle auf Erden.

Die Zustände in Mexiko, die ich mit eigenen Augen sah, lassen sich problemlos auf andere Länder Lateinamerikas übertragen. In Brasilien beispielsweise wird Zuckerrohr auf über sechs Millionen Hektar angebaut, auch hier muss dafür der Urwald weichen. Weil das Zuckerrohr zunehmend zu Biosprit für unsere Autos verarbeitet wird, ist die Tendenz steigend.

Was für ein Unterschied zur Honigproduktion! Ich kenne keine Beispiele von Imkern, die in der Sklaverei zu Tode geschunden werden. Viel zu groß ist die Achtung vor dem Wissen und Können dieses Berufsstandes.

Zucker wird jedoch nicht nur in den Tropen hergestellt. Auf den heimischen Äckern gedeiht die Zuckerrübe. Dem hugenottischen Naturwissenschaftler Franz Carl Achard verdanken wir die Grundlagen zur Zuckerproduktion aus diesem Gewächs. Anfang des 19. Jahrhunderts errichtete er mit der Unterstützung des preußischen Königs Friedrich Wilhelms III. in Schlesien die erste Zuckerfabrik. Seine Motivation lag wohl teilweise in der Ablehnung der Sklaverei begründet. Während Napoleons Kontinentalsperre erlebte die neue Technik ihre erste Blüte.

Die Gewinnung von Rübenzucker ist teurer als die von Rohrzucker. In der heutigen Zeit wird der heimische Zucker durch Landwirtschaftssubventionen auf der einen und Schutzzölle auf der anderen Seite am Leben erhalten. Das freut die Chemieindustrie, die sich ein goldenes Näschen mit allerhand Herbiziden gegen Wildkräuter, Molluskiziden gegen Schnecken, Insektengift und Kunstdünger ein goldenes Näschen verdient.

Für Diskussionen sorgt zurzeit ein anderer Zucker: Isoglucose. Dieser Industriezucker ist in seiner Herstellung billig und wird in den USA aus genmanipuliertem Mais gewonnen. Maisstärke wird unter Einsatz von wiederum durch Genmanipulation gewonnenen Enzymen zu einem Glucose-Fructose-Gemisch aufgespalten. Der Fructose-Anteil ist höher als beim herkömmlichen Rohrzucker. Fructose hat eine größere Süßkraft als Glucose, gleichzeitig blockiert sie in der Bauchspeicheldrüse die Insulinproduktion und fördert die Fettleibigkeit. Es gibt Quellen, die behaupten, in den USA gälte mittlerweile jeder Zweite als diabetesgefährdet oder bereits zuckerkrank. Selbst wenn diese Zahlen nicht stimmen und es »nur« jeden vierten oder fünften Amerikaner trifft, sind die Zahlen immer noch verdammt hoch. Bisher unterlag Isoglucose in der EU einer Handelsbeschränkung – nicht etwa aus Sorge um die Gesundheit der Bürger, sondern um den einheimischen Zuckermarkt zu schützen, durfte der Verbrauch in Europa die Fünf-Prozent-Marke nicht überschreiten. Bei Rohrzucker funktioniert der europäische Isolationismus also noch. Durch die Auswüchse der modernen Sklaverei ist seine Herstellung billiger als die von Rübenzucker. Auch schmeckt er ja viel aromatischer. Sein teurer Preis in unseren Supermarktregalen gründet allein auf den hohen Einfuhrzöllen. Bei Isoglucose hingegen gilt: Seit Oktober 2017 darf der Stoff unreguliert Speiseeis, Limonaden und Süßspeisen zugesetzt werden. Dies war ein Zugeständnis, das den USA im Vorfeld der mittlerweile als gescheitert geltenden TTIP-Verhandlungen gemacht wurde. Guten Appetit!

7
Bestäubungsdrohnen und Frankensteinlibellen

Wenn der Mensch allein für den süßen Geschmack zu solch höchst bedenklichen Verfahrensweisen fähig ist, wie in Sachen Zucker im vorigen Kapitel beschrieben, was mag ihm da alles einfallen, wenn es buchstäblich um die Wurst, wenn es um die Bestäubung der Nutzpflanzen geht? Einen kleinen Vorgeschmack erleben wir derzeit in China. Der immer noch größte Honigproduzent der Welt führte lange Jahre einen an Obszönität kaum zu toppenden Krieg gegen die Natur. Nun sind Bienen und Hummeln in ganzen Landstrichen ausgestorben und Menschen müssen in die blühenden Obstbäume klettern und die Blüten von Hand bestäuben. Erhalten sie für diese Leistung einen fairen Lohn? Wohl kaum. Doch selbst mit Hungerlöhnen sind solche Maßnahmen teuer.

Nun könnte man meinen, dass der Mensch angesichts solcher Entwicklungen den Einsatz der Insektengifte reduziert. Aber macht er das? Natürlich nicht. Er lenkt seine Gedanken in ganz andere Richtungen und forscht an Robotern, die künftig die Aufgaben von Bien und Co. übernehmen sollen. Sollte dieser Technologien der Durchbruch gelingen, könnte das auch das Ende der Mensch-Bien-Symbiose bedeuten. Den Verfechtern der Robotik ist selbst das zweimalige *sapiens* hinter dem *Homo* nicht genug. Der israelische Historiker Yuval Noah Harari sieht in seinem neuen Werk bereits den *Homo Deus* heraufdämmern. Nanoroboter kreisen durch die menschliche Blutbahn, um dort die

Krebszellen zu bekämpfen, die dank unserer Lebensweise immer hemmungsloser wuchern wollen. Und Bestäubungsdrohnen schwirren durch die Blütenmeere einer Welt, die auf Insekten verzichten kann. Ich an seiner Stelle hätte das Buch *Homo Diabolus* getauft.

Hararis Visionen sind kein Science-Fiction. Längst wird an Roboterbienen geforscht. Robert Wood von der Harvard Universität brillierte im Fachmagazin *Science* mit der Vorstellung von »RoboBee«. Das 0,1 Gramm leichte Fluggerät haftet sich durch elektrische Spannung an Pflanzenblättern an. Noch gibt es keine Batterie, die leicht und gleichzeitig leistungsfähig genug für »RoboBee« wäre. Weshalb die Drohne an einem Kabel fliegt.

Das US-Forschungsinstitut Draper versucht gemeinsam mit dem Howard Hughes Medical Institute, dieses Manko durch die Schaffung einer »Frankensteinlibelle« zu umgehen. Dem lebendigen Insekt wird eine Steuerungselektronik auf den Rücken montiert, die in seine Neuronen eingreift und das Tier dahingehend manipuliert, dass es Blüten anfliegt und bestäubt. Die neueste Entwicklung auf diesem Gebiet heißt »DragonflEye«. Sie setzt nicht auf eine Manipulation der Neuronen, sondern auf optische Signale. Libellen sind Raubinsekten, denen das Bestäuben von Blütenpflanzen völlig fremd ist. Für solcherlei Versuche sind sie allein deshalb interessant, weil sie kräftig genug gebaut sind, um die Elektronik auf ihrem Rücken herumtragen zu können.

In Japan wiederum forscht der Chemiker Eijiro Miyako vom National Institute of Advanced Industrial Science and Technology (AIST) in Osaka an Quadcoptern, die mit Pferdehaaren Blüten anfliegen. Die Pferdehaare hat er mit einem von ihm entwickelten Gel beschichtet, an dem der Pollen hängen bleiben soll. Winzige Radaraugen sollen den Robotern die Möglichkeit des aktiven »Sehens« eröffnen. Und lernfähig sollen sie werden, damit sie die Blüten selbsttätig erkennen können.

Bei aller Faszination, die derartige technische Neuerungen in sich tragen: Allein die Argumente, mit denen diese Forschungen gerechtfertigt werden, sind im höchsten Maße alarmierend und besorgniserregend. Die Roboterbienen der Zukunft sollen »Blumenfelder bestäuben helfen«, damit es wieder mehr Blumen und somit ausreichend Nahrung für die hungernden Bienenvölker gäbe. Der Vorgänger von »RoboBee« hieß »Mobee«. Schon bei diesem Prototyp schwebte Robert Wood im Jahr 2012 die Vision vor, dass seine Drohne eines Tages die Bienensprache erlernt und sich im Stock mit echten Bienen mischt. Sie soll die Bienen so vor Gefahren warnen und sie zu den »Blumenfeldern führen«. Als ob der Bien eine solche Roboterhilfe nötig hätte! Wozu gibt es Kundschafterbienen? Gefahrenwarnung ist zudem meines Wissens nicht Teil des im Schwänzeltanz festgelegten Sprachvermögens der Bienen. Hier wird mit dreister Verlogenheit der eigentliche Forschungszweck kaschiert: die Aufkündigung unserer Symbiose mit den Bestäuberinsekten. Ökonomen werden nicht müde zu errechnen, dass die Tiere weltweit pro Jahr Werte in Höhe von 200 Milliarden Dollar erwirtschaften. Die Mächte der Gier und der Rendite wollen sie verzichtbar machen, um ein Zeitalter des komplett enthemmten Einsatzes von Gentechnik und Gift in der Landwirtschaft einläuten zu können.

Daneben geht es bei solchen Projekten natürlich immer auch um militärische Interessen. Minidrohnen können für Spionage und Aufklärung Verwendung finden. Dies führt zu einer weiteren erschreckenden Überlegung: Wie verwundbar wäre eine Gesellschaft, die das Geschäft der Bestäubung einer computergesteuerten Robotik anvertraut?! Cyberangriffe könnten diese lahmlegen und Hungersnöte heraufbeschwören.

8
Bayer, Monsanto & Co. –
Angriff der Konzerne

Nach Recherchen der Non-Profit Organisation CEO (Corporate Europe Observatory) haben neunundfünfzig Prozent der Beamten der Europäischen Behörde für Lebensmittelsicherheit EFSA direkte oder indirekte Verbindungen zur Agrar- und Lebensmittelindustrie. Zwei Drittel dieser Kontakte sind finanzieller Natur. Unter der Hand wird in Brüssel verbreitet, dass ein Konzern, der ein Agrargift entwickeln will und seine Unbedenklichkeitsstudie selber anfertigen lassen darf, dazu bis zu fünfzehn verschiedene Studien in Auftrag gibt. Diejenige, die ihm dann am besten in den Kram passt, wird eingesandt. Und das deutsche Bundesinstitut für Risikobewertung (BfR) ließ sich das Dossier zum Herbizid Glyphosat direkt von der Glyphosat-Task-Force unter der Federführung von Monsanto schreiben. Nach dem Grund dafür gefragt, gab das Amt zu Protokoll, es sei »einfach mit der umfangreichen Prüfung überlastet«. So war es im September 2017 unter anderem im *Guardian*, und im österreichischen Wochenmagazin *News* zu lesen.

Als Imker mache ich die Erfahrung, dass diese Machenschaften direkte, spürbare Auswirkungen auf das Leben meiner Bienen und damit auch auf mein eigenes Leben haben. Es ist noch nicht lange her, da besuchte ich an einem Wintertag meinen Bienenstand im Siebengebirge, um mein letztes dort verbliebenes Volk mit Oxalsäure gegen die Varroamilben zu behandeln. Von den ursprünglich drei Völkern hatten zwei bereits den Winter davor nicht überlebt.

Als ich den Deckel der Bienenkiste öffnete, fand ich die Winter-traube tot auf dem Boden der Kiste liegend. Vor dem Einwintern hatte ich bei diesem Volk sämtliche Arbeitsschritte genau gleich unternommen wie bei meinen Völkern im Rheintal: Ich habe am selben Tag den Honig geerntet, an denselben Tagen die Varroa-milbe mit Ameisensäure bekämpft und auch am selben Tag mit Zuckerwasser eingefüttert, damit die Bienen im Winter nicht ver-hungern. Auf keinen Fall war Futtermangel die Todesursache, denn die Kisten waren noch immer voll und schwer von den Win-tervorräten.

Natürlich versuche ich Jahr für Jahr, die Winterverluste durch Ablegerbildung auszugleichen, das habe ich auch im vergangenen Sommer getan. Aber die Ableger hatten im Jahr 2016 nicht über-lebt. Eine Reihe von Starkregenereignissen hatte eine Blütentracht nach der anderen vernichtet und gleichzeitig schlechte Bedingun-gen für den Begattungsflug der jungen Königin geschaffen. Ich hatte also am Ende des Sommers nur das eine Volk zum Einwin-tern. Nun lag der Schwarm, oder was von ihm übrig war, tot auf dem Beutenboden. Im Totenfall konnte ich die Königin ausma-chen unter einem erstaunlich kleinen Haufen Arbeiterinnen. Ich schätzte ihre Zahl auf nicht mehr als achtzig bis hundert. Es hätten mindestens fünftausend sein müssen.

Mein Stand im Siebengebirge war somit verwaist. Trotz dieses Rückschlags reaktivierte ich ihn im Sommer 2017 mit drei neuen Ablegern. Was blieb mir anderes übrig? Der zweite Stand erleich-tert mir die Ablegerbildung, und ich will auch dort oben imkern können. Ich kann von mir sagen, dass die Bienenhaltung mir im Laufe meines bald fünfzig Lenze zählenden Lebens geholfen hat, eine gewisse Frusttoleranz aufzubauen. Doch wenn mir ein Volk wegstirbt, empfinde ich echte Traurigkeit. Die ist zwar nicht ganz so intensiv wie die Trauer, die ich beim Tod eines Hundes oder ei-ner Katze verspüre. Aber auch beim Verlust eines liebevoll gehegten und gepflegten Insektenwesens vermag man als Mensch Trauer zu empfinden. Als ich jedenfalls im trüben Licht des Winterhimmels mein Bienenvolk auf den Waldboden kippte und die bereits schimmlig gewordenen Waben mitsamt den Kisten in meinen Bulli räumte, war das ein düsterer Tag für mich.

Warum aber verliere ich in den Bergen ein Volk nach dem anderen, während es meinen Völkern im Tal bestens geht? Der Höhenunterschied beträgt weniger als dreihundert Meter und scheidet als Grund definitiv aus. Was aber unterscheidet die beiden Gebiete voneinander? Im Kopf gehe ich die Trachtpflanzen in den Drei-Kilometer-Radien der beiden Stände durch. Das ist ungefähr die Distanz, bis zu der sich das Nektarsammeln für die Bienen noch lohnt. Bei Trachten, die weiter entfernt liegen, verbrauchen die Tiere für Hinweg und Rücktransport so viel Energie, sprich Nektar oder Honig, dass sich der Aufwand nicht mehr lohnt. Ich komme zu folgendem Schluss: Im Drei-Kilometer-Radius meines Standes im Rheintal wird bis auf den zu vernachlässigenden Weinbau keine Landwirtschaft mehr betrieben. Im Übergang vom Siebengebirge zum Westerwald dagegen gibt es großflächige Raps- und Weizenfelder und dazu einen Haufen Landwirte, die für ihr Leben gerne zur Giftspritze greifen. Diese erhöht den Druck auf meine Bienen, der durch Varroa sowieso immer vorhanden ist und so schließlich zu ihrem Tod führt. Am Ende bleibt mir nur die traurige Arbeit, ihre Waben einzuschmelzen.

Krieg gegen Insekten

Als ich um die Jahrtausendwende herum in Mexiko lebte, hatte ich einen Nachbarn namens Oscar. Oscars Sohn hieß auch Oscar, wurde von allen nach Landessitte Oscarin – »Oscarchen« – gerufen und ging mit meinem Sohn Sid in den Indianerkindergarten von Naranjastitla. Auch in Mexikos Kindergärten werden wie in Deutschland Elternabende abgehalten. Nur die Themen sind etwas andere. So wurden wir Eltern bei einer solchen Gelegenheit aus gegebenem Anlass einmal aufgefordert, den Kindern die Popos zu waschen, bevor wir sie in den Kindergarten bringen. Doch das ist eine andere Geschichte.

Nach dem Kindergarten ging Sid gerne noch für ein Weilchen mit seinem Freund Oscarin zu dessen Haus, um dort am Ufer des Río Petlapa Steine ins Wasser zu werfen oder sonstigen Schabernack zu treiben. Kurz vor Einbruch der Dämmerung sattelte ich dann unseren braven Wallach Robalo und ritt los, meinen Sohn abzuholen. Bei einer dieser Gelegenheiten traf ich Oscar vor seinem Maisspeicher sitzend an. Er schälte getrocknete Maiskolben, aus denen seine hübsche Frau dann ihre leckeren Tortillas buk, von denen wir immer unseren Teil abbekamen.

Um zu verstehen, was im Folgenden geschah, braucht man ein wenig Verständnis der spanischen Sprache. Das Verb *aplastar* bedeutet »zerquetschen«, »zerdrücken«, »zermalmen«. Ich hielt also ein kleines Schwätzchen mit Oscar, als ein interessantes, bunt gefärbtes Großinsekt auf dem harten Lehmboden neben uns auftauchte. Es war, glaube ich, eine Art Laufkäfer, ähnlich dem Hirsch- oder Nashornkäfer. Ich fragte Oscar, ob er wisse, um was für ein Insekt es sich bei diesem Exemplar handelte. Oscar betrachtete es kurz, nahm dann seinen Schuh, schlug es platt und sagte: »Eso es un aplasto.« Was übersetzt in etwa so viel heißt wie: »Das ist ein Plattmachdings.« Leider umschreibt dieser Vorfall ziemlich treffend die Einstellung vieler Menschen zu Insekten, unseren faszinierenden Mitgeschöpfen.

Blicken wir auf den nördlichen Nachbarn Mexikos. In den USA ist es einem scheinbar wahnsinnig gewordenen Mann gelungen, die Macht an sich zu reißen. Im Nordkoreakonflikt spielt er mit dem Knopf zur Zündung von Atombomben. Donald Trump ist kein Mann, der sich Gedanken über die Umweltverträglichkeit von Kriegen macht. Leider ist er mit seiner ignoranten Haltung keinesfalls ein Außenseiter im globalen Politpandämonium. Allein die Stahlproduktion für die diversen Waffensysteme und der Treibstoffverbrauch von Panzern, Kriegsschiffen und Fluggerät dürften den Karbon-Fußabdruck der internationalen Militäraktionen ziemlich gigantisch aussehen lassen.

Worauf ich hinaus will: Es gibt durchaus einige Parallelen im kriegerischen Sprachgebrauch, die zeigen, dass der Mensch auch gegen Insekten und Blütenpflanzen Krieg führt. Im Falle des Genozids lässt eine Schlüsselvokabel das Töten von Mitmenschen als eine unabdingbare Notwendigkeit erscheinen: »Unmensch«. Terroristen werden zu Unmenschen erklärt, die es zu »vernichten« gilt. Wobei das Wort »Terroristen« beliebig austauschbar ist, man kann stattdessen genauso gut »Kapitalisten«, »Kommunisten« oder beliebige Nationalitäten oder Religionszugehörigkeiten verwenden. Das Ergebnis ist immer dasselbe: Eine mehr oder minder große Personengruppe wird durch die Erklärung zum »Unmenschen« aus dem Kreis der »Menschen« ausgeschlossen. Entscheidend ist die Vorsilbe »Un-«. Es gibt gläubige Menschen, die folgerichtig der Meinung sind, »Ungläubige« gehörten abgeschlachtet. Um sie auszulöschen, muss jedes Mittel recht sein. Sogar der eigene Tod wird nicht gescheut. Lediglich den Einsatz von Gift, besonders wenn es in der Form von Gas auftritt, finden wir verwerflich.

Wenn wir aber gegen die vermeintlichen Feinde aus der Welt der Pflanzen zu Felde ziehen, finden wir sogar den Einsatz von Gift jeglicher Art absolut gerechtfertigt. Es werden ja auch keine »Kräuter« vernichtet, sondern »Unkräuter«. Der Bayer-Konzern zückte jüngst die linguistische Grausamkeit »Ungrasbekämpfungsmittel« aus dem Zylinderhut. Anscheinend ist dieses Mittel notwendig geworden, weil so viele Kühe ein Leben hinter Mauern fristen müssen, wo sie keinen Zugang haben zum »Ungras«. Oder ist »Ungras« etwa ungeeignet für die Verwertung in einem Wiederkäuermagen?

Durch diesen Sprachgebrauch bleiben wir in einer Spirale der Vernichtung stecken, die für den Bien ganz konkret den Verlust einer riesigen Palette von Nektarpflanzen bedeutet, denn leider, leider werden zusammen mit den Unkräutern auch die Wildblumen vernichtet – bei den Militärs nennt man so etwas Kollateralschaden. Man kann natürlich auch eine Wildblume, je nach Gusto, mit ein paar billigen Propagandatricks ganz schnell zum Unkraut erklären. Dann löst ihre gezielte Vernichtung weder Protest noch Schamgefühl aus. Mit anderen Worten: Der Mensch geht mit der Rhetorik des Krieges gegen konkurrierende Arten vor. Diese Entwicklung ist keinesfalls neu. Angesichts der technischen Fortschritte im Bereich der chemisierten, mechanisierten Landwirtschaft haben die Auswirkungen einer solchen Rhetorik allerdings Dimensionen angenommen, dass bereits heute von einem der größten Artensterben in der Geschichte des Planeten die Rede ist.

Dieses Artensterben betrifft in starkem Maße unsere Insektenwelt. Eine Rhetorik, die bei Kräutern und Menschen funktioniert, klappt natürlich auch bei Tieren – vor allem, wenn es sich dabei um kleine Krabbler aus der Welt der Insekten handelt, die sowieso nicht unsere volle Sympathie genießen. Für sie hat man den Begriff »Ungeziefer« erfunden. Einige Arten werden zu Schädlingen erklärt – und schon funktioniert auch hier das In-Gang-Setzen der Vernichtungsmaschinerie. Nützlinge wie die Bienen sterben als Kollateralschaden für die gute Sache. Andere Arten, die uns weder nutzen noch schaden, sind uns gleichgültig, selbst wenn sie Vögeln und Fledermäusen als Futter dienen. Die Vernichtung unserer Insektenwelt ist zu einem ähnlich hochprofitablen Geschäft geworden, wie das Ausmerzen der Pflanzenwelt oder die globalen Militäroperationen.

Tödliche Geschäfte: DDT, Glyphosat und Co.

Ein Meilenstein im Giftkrieg gegen die Insekten war das berüchtigte DDT, jenes giftige Gebräu, das sich vor allem bei Organismen am Ende der Nahrungskette in einer kritischen Menge anlagert. Erstmals synthetisiert wurde es 1874 durch den österreichischen Chemiker Othmar Zeidler (ausgerechnet also von einem Mann, dessen Nachname darauf schließen lässt, dass er einem Geschlecht von Waldimkern entstammt!) unter Anleitung von Adolf von Baeyer. Seine insektizide Wirkung fand jedoch erst 1939 der Schweizer Paul Hermann Müller heraus, der für diese Entdeckung den Nobelpreis für Medizin verliehen bekam. Baeyer, wiederum bekam 1905 den Nobelpreis für Chemie für seine Verdienste um »die Entwicklung der organischen Chemie und der chemischen Industrie« verliehen. Man darf ihn getrost den Altvorderen der modernen Giftmischer nennen. Und seine Erben im Geiste sind heute, über hundert Jahre nach der epochemachenden Entscheidung des Nobelpreiskomitees, so gut im Geschäft wie nie zuvor.

Aber noch einmal ein genauerer Blick auf die Begrifflichkeiten. Der globale Ökozid wäre ein anderer ohne die Wortschöpfung »Pestizid«. Der dem englischen *pesticide* nachempfundene Begriff setzt sich aus zwei dem Latein entspringenden Teilen zusammen: *pestis* (»Seuche«) und *caedere* (»töten«). Das englische Wort *pest* bedeutet im deutschen »Plage« oder auch »Schädling«. Verwirrenderweise heißt hingegen die tödliche Krankheit auf Deutsch »Pest« und auf Englisch *plague*.

Unter dem Oberbegriff Pestizid sammelt sich ein Horrorkabinett der Gifte, die allesamt im zweiten Wortteil *zid*, den »Tod«, mit sich führen. Der erste Wortteil ist immer das dem Lateinischen entlehnte Wort für die Zielorganismen, auf welche die Gifte angewendet werden. Ein Avizid etwa ist ein Gift gegen Vögel. Eine Zeitlang war es Mode unter Landwirten, ein hochkonzentriertes Gemisch aus dem »Schwiegermuttergift« Parathion, auch E 605 genannt, und Diesel von Flugzeugen aus über Vogelkolonien zu versprühen.

Unter den Herbiziden sorgt momentan Glyphosat für die meisten Schlagzeilen. Der amerikanische Chemiegigant Monsanto vertreibt es unter dem Markenamen *Roundup*. Es ist eine chemische Keule gegen so ziemlich alles, was da wächst und wuchert. Einzig gentechnisch veränderte Organismen und einige wenige Superunkräuter können ihm widerstehen. Wenn die Internationale Agentur für Krebsforschung (IARC), eine Unterabteilung der Weltgesundheitsorganisation WHO, über die Substanz urteilt, sie sei »wahrscheinlich« krebserregend, kontert ein anderes Gremium derselben WHO, das Joint Meeting on Pesticide Residues (JMPR) mit der Feststellung, sie sei »wahrscheinlich nicht« (!) krebserregend. Ich jedenfalls mag Glyphosat nicht auf meinem Teller, bekomme es aber trotzdem serviert. Es steckt im Brot, im Müsli, im Bier, im Wein und sogar im Honig. Krebs war früher extrem selten, heute ist er zur Volkskrankheit geworden. Man ist kein Verschwörungstheoretiker, wenn man bei diesen Zusammenhängen an korrupte Politiker und Lobbyismus denkt. Die Europäische Kommission weiß um ihr Glaubwürdigkeitsproblem – und erteilt dem umstrittenen Gift trotzdem seine Zulassung.

Tatsächlich geht es hier aber nicht nur um Korruption. Die Politiker fürchten, dass ohne diesen Stoff das gesamte Konstrukt der modernen Landwirtschaft zusammenbrechen könnte. Es ist *too big to fail*. Die riesigen Mastanlagen für Schweine, Rinder und Geflügel können nicht wirtschaften ohne billiges, mit Pestiziden und Kunstdünger gehätscheltes Futter. Ähnlich geht es Betreibern von Biogaskraftwerken, in denen Mais in Elektrizität umgewandelt wird. Im Pantheon der Maya wurde Hun Nal Yeh als Maisgott verehrt. Er wurde oft in Gestalt eines schönen Jünglings dargestellt – heute ist er ein entehrter Sklave in den Händen international agierender, skrupelloser Konzerne.

Für Bienen ist der massenhafte Einsatz von Glyphosat in mehrfacher Hinsicht schädlich. Zum einen vernichtet es wichtige Futterpflanzen und damit ihre Nahrungsgrundlage. Zum anderen steht der massenhafte Einsatz von diesem und anderen Giften für eine Landwirtschaft, in der riesige Flächen intensiv bewirtschaftet werden. Die Pflanzen in den Monokulturen, so sie überhaupt über Nektarien verfügen, blühen alle auf einmal ab – und danach kommt für die Bienen der Hunger. Getreidesorten wie Roggen, Hafer oder Weizen sind Windbestäuber, Getreidepollen eignet sich zudem nicht als Bienenfutter. Gute Bienenweiden, wie der Klatschmohn oder die Kornblume, werden hingegen in der gängigen Intensivwirtschaft längst mit Glyphosat ausgeschaltet. Außerdem tragen die Bienen das Gift mit dem Pollen in den Stock ein, wo es als das Bienenbrot Perga an die Brut verfüttert wird.

Wer über eine Suchmaschine nach der Wirkung von Glyphosat auf Insekten forscht, stößt schnell auf das »Infoportal Glyphosat«. Das klingt erst mal objektiv, im Impressum findet man aber dann diesen Hinweis: »Das Glyphosat-Informationsportal ist eine Initiative der europäischen Glyphosate Task Force (GTF). In der GTF arbeiten verschiedene Pflanzenschutzmittel-Unternehmen zusammen, die einen gemeinsamen Antrag auf Wiederzulassung des Herbizidwirkstoffes Glyphosat in der Europäischen Union gestellt haben. Die GTF ist keine juristische Person bzw. Rechtsträger.« Neben anderen sitzen die Konzerne Monsanto und Syngenta im GTF. Diese Menschen haben Studien in Auftrag gegeben, etwa im Rahmen des Wiederzulassungsverfahrens von Glyphosat in der EU, in denen unter anderem Bienenlarven mit Glyphosat gequält wurden. Sollte man den Ergebnissen solcher Studien trauen?

Die jüngste Entwicklung zeigt, dass die Bestie namens Agrochemie vielleicht in die Ecke getrieben, aber noch nicht ansatzweise geschwächt ist. Christian Schmidt, seines Zeichens Landwirtschaftsminister von der CSU, vordem als Staatsminister im Verteidigungsministerium der Waffenlobby hörig, machte im November 2017 Monsanto und Co. mit seiner ausschlaggebenden Stimme in Brüssel das Milliardengeschenk einer weiteren Fünf-Jahres-Zulassung für Glyphosat auf EU-Ebene.

Zu Besuch bei Bayer

Der Bayer-Konzern ist nicht Teil dieses Konsortiums. Sobald die geplante Megakonzernhochzeit mit Monsanto die Hürden des Kartellrechts genommen hat, wird das anders sein. Bayer stellt, neben allerhand anderem Gift, in großer Menge Insektizide her. Man errät unschwer, dass diese noch problematischer für unsere Insektenwelt und damit auch für die Bienen sind als die Herbizide, die ja »nur« das Bienenfutter vernichten.

Ich entschließe mich, Bayer einen Besuch abzustatten. Nach ein wenig Telefoniererei und der einen oder anderen E-Mail bewaffne ich mich mit meiner Nikon FE2 sowie zwei guten Objektiven und mache mich auf den Weg in die Höhle des Löwen. Utz Klages und Dr. Christian Maus lassen bitten zu einer zweistündigen Audienz. Ich setze ich mich ins Auto und fahre nach Monheim am Rhein zur Bayer Crop Science Division. Auf der Fahrt sehe ich Angler auf den Rheinkribben. In der Ferne ragen die Schlöte des Bayer-Werks in den Himmel. Es liegt ein unangenehm stechender Geruch nach Pestizid in der Luft. Ich kenne den, es ist derselbe wie damals, als meine Frau und ich mit unserem VW-Bus in Österreich neben einem Maisfeld rasteten und der Bauer mit seinem Traktor eine abendliche Gabe Insektengift ausbrachte.

Inmitten eines trostlos wirkenden Ackers, aus dem abgeerntete, tote Strünke wie anklagende Finger gen Himmel weisen, liegt neben einem schmalen Streifen Wildblumenwiese der Besucherparkplatz. Die Adresse lautet Alfred-Nobel-Straße 50. Man darf dies

*Wildbienenhotel vor dem Besucherparkplatz von Bayer Crop Science
mit dem Logo von Bayer Bee Care*

werten als Verneigung vor dem Erfinder des Dynamits, der bereits
1888 von einer französischen Zeitung als *marchand de la mort*
(»Kaufmann des Todes«) bezeichnet wurde und hernach in Sorge
um sein Ansehen in der Nachwelt die Stiftung gründete, die Alfred
von Baeyer, dem Vordenker der modernen Chemie, den Nobelpreis einbrachte. Denn eins muss jeder sich stets vor Augen halten:
Bei den »Ziden« dieser Welt geht es immer ums töten.

Ich parke direkt neben einem großzügigen Wildbienenhotel,
dessen angebotener Wohnraum sich im Wesentlichen auf Schilf-
röhren beschränkt. Die einzige Biene, die ich erblicken kann, ist
das hölzerne Logo von Bayer Bee Care. Utz Klages ist seines Zeichens der Pressesprecher von Crop Science. Er empfängt mich am
gut gesicherten Eingang. Hohe Zäune und Wachschutzmänner in
Uniform schirmen das Areal gegen die Außenwelt ab. Wie sich
herausstellt, ist auch Klages eine Art Wächter. Allerdings besteht
seine Uniform aus der unvermeidlichen Anzugjacke samt Schlips

und Kragen. Im Nachhinein muss ich die Erfahrung machen, dass eine Menge kritischer Informationen, die ich ihm und seinem Kollegen Dr. Maus abtrotze, von ihm nicht autorisiert werden und somit nicht gedruckt werden dürfen.

Im gesamten Wissenschaftsareal arbeiten etwa zweitausend Menschen, erklärt Klages. Zwanzig von ihnen sind ums Bienenwohl bemüht. Gemeinsam geht es – vorbei an Blumenwiesen, einem weiteren Bienenhotel und einem leider verwaisten Hummelkasten – zum Sitz von Bayer Bee Care. Ich fühle mich unwillkürlich an einen Trip zum örtlichen Baumarkt erinnert – da stehen die Regale mit Bienenhotels und Wildblumenmischungen direkt neben dem Giftschrank mit dem Pestizidsortiment. Bienenhotels und Blumenwiesen verkörpern im 21. Jahrhundert einen ans Mittelalter gemahnenden Ablasshandel:

Wenn's Blümlein aus dem Rasen klimmt,
die Seele aus dem Fegefeuer springt.

Die bunten Blumen sehen hübsch aus. In ihren stilvoll geschwungenen Beeten lockern sie den englischen Rasen auf. In den meisten öffentlichen Garten- und Parkanlagen vermisst man diese innovative Idee, die unsere städtischen Geldsäckel wahrscheinlich noch nicht einmal besonders teuer zu stehen kommen würde. Scheinheilig spreche ich Utz Klages mein Lob dafür aus und beuge mich über eine Melde, die sich unter die Blütenpracht gemischt hat. Es handelt sich um ein Exemplar der Spießmelde (*Atriplex prostrata*). Ich kenne das Wildkraut von meinem Gemüsebeet. Da Unkrauthacken nicht zu meinen Lieblingsvergnügungen gehört, führt es auf meinem kleinen Acker ein lustiges Leben. Die ihr verwandte Zuchtform heißt Gartenmelde (*Atriplex hortensis*) und ist ein fast vergessenes Gemüse, das auch Spanischer Spinat genannt wird. Ich ergatterte einmal ein Beutelchen mit Samen davon bei

Brown Envelope Seeds, den alternativen Saatgutproduzenten aus der Grafschaft Cork in Irland. Die jungen Triebe der Melde isst man als Salat, während man die rötlichen Blätter der reifen Pflanze wie Spinat dünstet. Sie schmecken köstlich. Ganz im Geiste der Permakultur lasse ich im Spätsommer stets zwei oder drei Gartenmelden ausblühen und ihre Samen werfen. So erhalte ich zuverlässig im nächsten Frühjahr frische Sämlinge, ohne einen Finger krumm gemacht zu haben. Mir als altem Faulpelz gefällt diese Methode, an frisches Gemüse zu gelangen.

Hier auf dem Gelände von Bayer Crop Science jedoch richte ich einen denunziatorischen Zeigefinger auf die Spießmelde und mache, gespannt auf seine Reaktion, Utz Klages auf die Fremdkörper in der Blumenmischung aufmerksam. Der Pressesprecher wirft einen abschätzigen Blick darauf. Sein Kommentar zu dem Thema ist im Anschluss die Nummer eins auf seiner Zensurliste. Ich darf ihn nicht mit dem Leser teilen. Der kann sich wahrscheinlich auch ohne Utz Klages' erhellendes Sätzlein unschwer vorstellen, wie in der Bayer-Festung mit unwerten Kräutern umgesprungen wird. Jedenfalls verspüre ich im Weitergehen der armen Melde gegenüber das schlechte Gewissen des Denunzianten.

Dr. Maus ist ein gemütlicher Insektenforscher mit Bäuchlein. Der Entomologe arbeitete an der Uni Freiburg, bevor er als »Global Lead Scientist« bei Bayer Bee Care anfing. Er ist, mit anderen Worten, Bayers Bienenbeauftragter. In seinem Büro stehen schön gerahmte Makrophotographien von Käfern und Nachtfaltern auf einem Regal. Ich nehme gegenüber der beiden Herren Platz. Herr Klages und Dr. Maus rutschen unruhig auf ihren Stühlen hin und her, wie zwei arme Sünder im Angesicht des Inquisitors. Ich bleibe im katholischen Bild, denn so lässt sich das Klima unseres Gesprächs am besten wiedergeben. Meine Liste mit Punkten, die mir wichtig scheinen, hat es in sich. Schon nach kurzer Zeit winden sich die beiden Opfer meiner hochnotpeinlichen Befragung auf ihren Stühlen wie Regenwürmer unter einer E-605-Dusche. Ein Verfasser von Bienenliteratur scheint sich vor allem auf Pressesprecher Klages in hohem Maße nervositätssteigernd auszuwirken. Ich konfrontiere die Herren mit meiner These, der Bayer-Konzern gehöre zu den Feinden des Herrn Bien, und untermauere das mit der Feststellung, Bayer stehe für die industrialisierte Landwirtschaft. Sie kontern mit der Behauptung, dass gerade in Südostasien Kleinbauern eine ungemein wichtige Kundengruppe darstellten. Der Gedanke an eine flächendeckende Verteilung von Bayer-Pestiziden an chinesische Kleinbauern wirkt jedoch nicht gerade beruhigend auf mich.

Vor meinem geistigen Auge sehe ich europäische, kanadische und amerikanische Agrarlandschaften vorüberziehen, die ich auf meinen Reisen kennengelernt habe. Die Bilder ähneln sich auf erschreckende Weise: Wo immer Traktoren einfachen Zugang haben, sieht man neben Gemüsefeldern riesige Anbauflächen mit Ackerfrüchten wie Raps, Mais, Zuckerrüben, Sonnenblumen und so weiter, und dazwischen vereinzelt unnatürlich grüne Wiesen, die eigentlich nichts anderes als Grasäcker darstellen. Auf ihnen wächst dank der chemischen Keulen aus den Häusern Bayer, Syngenta, Monsanto und Co. lediglich eine einzige Sorte Gras. Oft handelt es sich dabei um das Welsche Weidelgras, dessen Zuchtformen mit so wohlklingenden Namen wie Barsutra, Volubyl oder Ramiro aufwarten. Gleichzeitig kann man stundenlang durch die Landschaft fahren, ohne eine einzige Kuh zu sehen, geschweige denn Hühner oder gar Schweine. Diese Kreaturen sind jedoch nach wie vor in großer Anzahl vorhanden, denn sonst fänden wir ja nicht die von ihnen beziehungsweise aus ihnen hergestellten Produkte in unseren Supermarktregalen. Aber die Tiere sind dazu verdammt, hinter den Mauern von Ställen zu leben, wo sie mit eben den Feldfrüchten gefüttert werden, die auf ihren vormaligen Weideflächen gedeihen.

Dies ist das Gesicht einer auf absolute Ertrag- und Gewinnoptimierung ausgerichteten Landwirtschaft nach dem Gusto der Agro-Konzerne. Ein System wie dieses, wo Artenvielfalt in jeglicher Hinsicht rigoros durch Monokulturen ersetzt wurde, kann nur durch den massiven Einsatz von Düngemitteln und Pestiziden funktionieren. Hier entsteht Bayers Milliardenumsatz. Agrarlobby, Maschinenbaufirmen und nicht zuletzt unsere Landwirte arbeiten Hand in Hand. Dabei darf nicht vergessen werden, dass diese perfide, auf Gifteinsatz basierende Art zu wirtschaften von unseren Regierungen massiv mit Subventionen gestützt wird. Müsste das System auf dem freien Markt bestehen, würde es innerhalb kürzester Zeit kollabieren. Die gigantischen Ställe, das Viehfutter aus Südamerika, die Maschinenparks, die durch Gift und Gülle verursachten Verunreinigungen unseres Wassers: All das wird mit Steuermitteln subventioniert. Allein 55 Milliarden Euro, vierzig Prozent des EU-Budgets (laut *Spiegel online* vom 11. Juli 2017), werden als direkte Förderung in Landwirtschaft und Fischerei gesteckt, und diese gigantische Summe deckt längst nicht die verdeckten Kosten wie verseuchtes Wasser oder Bienensterben. Das alles vor dem Hintergrund von Millionen Tonnen achtlos weggeworfener Lebensmittel.

In diesem Inferno aus Vernichtung und Aussterben zum Wohle des Mammons haben die »Höllenfürsten« von Bayer ein großes Problem entdeckt, das in Gestalt eines kleinen Tieres daherkommt. Gemeint ist die Biene. Für Herrn Bien ist in den auf Hochleistung getrimmten Killing Fields immer weniger Platz vorhanden. Gleichzeitig sind die Bauern auf Bestäuberinsekten zwingend angewiesen. Da kann Bayers Giftküche so bienenfreundlich vor sich hin köcheln, wie sie will, an diesem Paradox wird sie stets scheitern. Also macht der Konzern sich heutzutage ernsthaft Gedanken darüber, wie es funktionieren kann, weiterhin Milliarden mit Giftcocktails zu verdienen und dabei diese eine Insektengruppe vom Tod zu verschonen. Willkommen beim 2012 ins Leben gerufenen Bayer Bee Care.

Laut Dr. Maus ist die Biene Bayers zweitwichtigstes Forschungsobjekt nach dem Menschen, wenn es darum geht, die Unbedenklichkeit ihrer Gifte zu ergründen. Ich frage Herrn Klages und Dr. Maus, was sie denn von Kühen halten, die auf einer Weide stehen und einfach nur Gras fressen.

»Die bräuchten dann aber immer noch unsere Medikamente«, ist die Antwort. Ich spare mir den Kommentar, dass naturnah gehaltene Rindviecher höchstwahrscheinlich nur einen Bruchteil der Antibiotika benötigen wie ihre bedauernswerten Artgenossen in den Ställen. Vielmehr schieße ich meine nächste Frage los:

»Hat der Bayer-Konzern einen Einfluss auf die Artenvielfalt?«

Wieder dieses verlegene Hin- und Herrutschen auf den Stühlen. Nach einigem Herumgedrucke gibt Dr. Maus zu Protokoll: »Das kann man so oder so sehen.«

Ich für meinen Teil sehe es so, dass Bayer nicht unbedingt ein Förderer der Vielfalt in unseren Landschaften ist.

»Nimmt Bayer Einfluss auf die Politik?«

Dr. Maus reibt verlegen die Hände und sagt: »Politik wird von Menschen gemacht. Wir sind alle Menschen.«

Mit anderen Worten: Ja. Lobbyismus ist ein wesentlicher Erfolgsfaktor in der Agrarindustrie. Ich gebe bei Google die Begriffe »Lobby« und »Bayer« ein und bekomme als ersten Treffer eine Stellenausschreibung: Wer möchte, kann bei Bayer als Lobby-Praktikant den Grundstein für eine Karriere legen – welche die Natur und mit ihr den Herrn Bien sicherlich ein Stückchen weiter an den Abgrund heranführen wird. Der Konzern, der 2016 einen weltweiten Umsatz von 46,8 Milliarden Euro erwirtschaftete und weltweit etwa 115 000 Menschen beschäftigt, hat laut freiwilligem Lobbyregister der EU im Jahr davor (2015) rund zwei Millionen Euro in direkte Lobbyarbeit bei EU-Behörden investiert.

Ein Mitarbeiter von Bayer Crop Science ist laut Lobbypedia (Stand: Juni 2015) übrigens Mitglied in der Kommission »Pflanzenschutzmittel und ihre Rückstände« des Bundesinstituts für Risikobewertung (BfR). Damit es noch nicht getan: Das Internetportal Lobbypedia prangert auch gefälschte Postings in sozialen Medien und intransparente Hochschulkooperation an.

Dies im Hinterkopf, spreche ich die bevorstehende Megahochzeit zwischen Bayer und Monsanto an. Zum Thema Glyphosat gibt es keine Auskünfte, solange der Deal mit Monsanto noch nicht unter Dach und Fach ist. Monsanto dürfte Weltmarktführer in der Herstellung dieses Stoffes sein und entwickelt fleißig genmanipulierte Pflanzen, die »Roundup Ready« resistent gegen das Herbizid zu sein haben. Aus der Weigerung von Herrn Klages, über Glyphosat zu sprechen, schlussfolgere ich, dass die vermeintliche 66-Milliarden-Dollar-Braut Monsanto, mit der sich der Bayer-Konzern ins Bett legen will, wegen ihres unappetitlichen Wesens vor der Öffentlichkeit mit spitzen Fingern anzufassen ist. Monsanto ist überhaupt ein unangenehmer Gesprächsstoff. Der Konzern ist nicht unbedingt als Bienenfreund bekannt. Ich erlaube mir die spitze Bemerkung, dass ja wohl bereits Herstellung und Lieferung des chemischen Kampfstoffes und Entlaubungsmittels »Agent Orange« an die US-Armee während des Vietnamkrieges nicht besonders gut für die vietnamesischen Bienen gewesen sein dürfte.

Also sprechen wir über Neonicotinoide. Die Insektizidfamilie mit dem unaussprechlichen Namen verursacht bei Bienen Nervenschäden, die dazu führen, dass die Nektarsammlerinnen, die mit ihm in Kontakt kommen, den Rückweg zu ihrem Stock nicht mehr finden. Bahnbrechend in diesem Zusammenhang sind die Studien von Professor Randolf Menzel, Neurowissenschaftler an der Freien Universität Berlin, der für seine Studien in unermüdlicher Kleinstarbeit seine winzigen Studienobjekte einzeln markierte und daraufhin empirisch erforschte, wie viele Bienen unter Neonicotinoideinfluss noch nach Hause fanden und wie viele nicht. Im nächsten Kapitel werden wir uns etwas intensiver mit dem unbequemen Forscher befassen. Die Ergebnisse seiner Studien jedenfalls führten zu einer Einschränkung des Gebrauchs dieser Gifte innerhalb der EU, gegen die Konzerne wie Bayer mit den Mitteln der Jurisprudenz, der Propaganda und des Lobbyismus Sturm laufen.

Beliebt ist das Beizen von Saatgut beispielsweise mit Imidacloprid. Der Stoff, der unter anderem unter dem Handelsnamen Gaucho vertrieben wird, bewirkt, dass die aus dem Samen erwachsende Pflanze in ihrer Gesamtheit für jegliche Fraßinsekten giftig wird. Dabei gehen aber nur rund zehn Prozent des Nervengifts in den pflanzlichen Organismus ein. Der Rest verbleibt im Boden beziehungsweise fließt ins Grundwasser und von dort in unsere Bäche, Seen und Flüsse, wo er munter weiter die Organismen abtötet, die ihm in den Weg kommen. Neonicotinoide sind für Bienen bis zu siebentausenddreihundertmal giftiger als das gute alte DDT, schreiben die Grünen in einem Antrag vom 17. Mai 2017 im Deutschen Bundestag.

Schwer bis unmöglich auszusprechende Namen von Pestiziden dürften der Werkzeugkiste von Psychologen entsprungen sein, die ihr Wissen um die menschliche Seele in den Dienst der Megakonzerne stellen. Es lässt sich nun mal schwer über Dinge reden, die man nicht sagen kann. Wer Fehler bei der Aussprache macht, steht sofort als Tölpel da, auch wenn seine eigentlichen Gedanken zu den Pestiziden durchaus vernünftig und klug sind. Aus diesem Grund sprechen viele heute von Neonics.

Neonics machen heute etwa ein Viertel des weltweiten Insektizidverbrauchs aus. Seit ihrer teilweisen Einschränkung durch die EU-Kommission in 2013, so argumentiert Dr. Maus, würden die Landwirte heute wieder vermehrt zu Pyrethroiden greifen, die nicht als Saatgutbeize zum Einsatz kommen, sondern gespritzt werden. Seine Aussage zu ihrer Gefährlichkeit im Vergleich zu den Neonics wird von Utz Klages nicht autorisiert. Im Zusammenhang mit Ökolandbau und Mauerbienen erwähnte ich bereits das aus Chrysanthemen gewonnene Pyrethrum. Die nach seinem Vorbild gebaute Variante aus der Produktion unserer Chemieindustrie ist wesentlich stabiler, zersetzt sich nicht so schnell im Sonnenlicht und tötet dadurch länger und zuverlässiger als ihr Pendant aus der Natur. Vielleicht hat Dr. Maus also sogar recht, wenn er sagt, dass ein Verbot der Neonics den Bienen und anderen Insekten nicht unbedingt helfen wird. Nur die logische Schlussfolgerung, dem chemischen Pflanzenschutz – wie es sehr erfolgreich im Bio-Landbau ja bereits geschieht – insgesamt einen gehörigen Riegel vorzuschieben, mag er nicht mitmachen. Mein dahingehender Vorschlag erntet nur ein gequältes Grinsen. Bei diesem Szenario wäre der Herr Doktor wahrscheinlich bald seinen Job los. Da opfert der Insektenforscher dann wohl doch lieber zu Abermilliarden seine kleinen Studienobjekte, auch wenn er es nicht so sehen mag.

Ich frage: »Der Rückgang von Deutschlands Insektenvorkommen um bis zu achtzig Prozent?«

Tatsächlich zweifeln die Bayer-Leute die Zahlen der Krefelder Entomologen nicht an, halten es laut Herrn Klages auf der anderen Seite »aber nicht für gegeben, dass die Zahlen repräsentativ für die Situation in ganz Deutschland sind«.

Die beiden Bayer-Leute versuchen kurz und halbherzig, mir weiszumachen, die Untersuchungen unabhängiger Wissenschaftler wie des Berliner Neurobiologen Professor Randolf Menzel (Autor des Buches *Die Intelligenz der Bienen*) seien unter unrealistischen Bedingungen geführt worden, während die Studien von Bayer hingegen auf realistischen Feldversuchen basierten. Danach fabulieren sie, Statistiken hätten gezeigt, in Kanada gäbe es keine zusammenbrechenden Bienenbestände mehr, seitdem dort verstärkt auf Neonics gesetzt wird. Sie merken recht schnell, dass sie in mir keinen der Neutralität verpflichteten Reporter vor sich haben. In meinem Kopf lege ich die Neuigkeiten aus Kanada in die Schublade mit der Aufschrift »Fake News«. Gerade in Kanada beklagen Imker ein massenhaftes Bestäubersterben durch Neonicotinoide, belegt durch eine Studie, wie in der wissenschaftlichen Fachzeitschrift *Science* vom 30. Juni 2017 zu lesen ist.

Weiterhin vertraue ich eher einem Wissenschaftler wie Randolf Menzel als einem Christian Maus.

Selbst wenn etwas dran sein sollte an den Bayer-Studien und Bayer-Statistiken, ändert dies nichts an meiner Ablehnung einer Landwirtschaft, deren Grundlage das Vergiften beinhaltet. Jahr für Jahr werden allein in Deutschland rund 35 000 Tonnen an Pflanzenschutzmittelwirkstoffen verkauft. Diese werden vor dem Ausbringen auf dem Acker natürlich noch verdünnt. Wenn man nun bedenkt, dass schon fünfzig Milliliter des als B2 kategorisierten, also bienengefährlichen Bayer-Pyrethroids Deltamethrin ausreichen, um auf einem Hektar Fläche sämtliches Insektenleben auszulöschen (Quelle: Bayer »Agrar-Berater« 2017), bekommt die gigantische Zahl von 35 000 Tonnen noch mal einen ganz anderen, infernalischen Klang.

Das Bundesumweltamt schreibt im März 2017: »Im Jahr 2015 waren 766 Mittel (ohne ruhende Zulassungen) mit 1490 Handelsnamen (…) zugelassen. Die Zahl eingesetzter Wirkstoffe in den zugelassenen Pflanzenschutzmitteln ist seit 2000 (276 Wirkstoffe) annähernd konstant geblieben. Im Jahr 2015 wurden insgesamt 277 Wirkstoffe eingesetzt.« Der Grünen-Politiker Harald Ebner gab am 22. Juni 2017 über die Antwort des Bundestages auf eine kleine Anfrage der Grünen Folgendes der *Rheinischen Post online* zu Protokoll: Von den in Deutschland zugelassenen Pestiziden gefährden 533 bekanntermaßen die Gesundheit und 570 die Gewässer. »22 zugelassene Pestizide sind sogar EU-offiziell als ›vermutlich krebserregend‹ eingestuft.«

Ich stelle meine nächste Frage: »Was ist mit der neuen Volkskrankheit Krebs? Früher extrem selten, heute alltäglich.«

Antwort Dr. Maus: »Kann viele Ursachen haben. Die Menschen werden heute älter.«

Jährlich erkranken in Deutschland rund zweitausend Kinder unter fünfzehn Jahren an Krebs. Sie ist die am häufigsten auftretende tödliche Krankheit bei Kindern und Jugendlichen. Glyphosat wurde 2015 übrigens durch eine von den Grünen in Auftrag gegebene Studie in Muttermilch festgestellt.

Die Bayer-Leute betonen die Bedeutung ihrer Produkte für den Rapsanbau. Raps sei ja so wichtig für den Imker von heute. Mit neuartigen Vorrichtungen an den Spritzmaschinen würde jeglicher erdenkliche Aufwand betrieben, um die Pestizide unter die Blüten zu spritzen, damit die Bienen vom Sterben verschont bleiben. Es stimmt, die Bedeutung von Raps ist wirklich hoch für viele Imker. Dies liegt aber daran, dass in der ausgeräumten Agrarlandschaft für die Bienen kaum mehr anderes Futter vorhanden ist. Es gibt ja fast keine Wiesen mehr mit Wildblumen. Ich für meinen Teil mag keinen Rapshonig. Ich finde, er stinkt. Und wenn in Honig Pestizidrückstände gemessen werden, handelt es sich fast immer um Rapshonig.

Mit Neonics gebeiztes Zuckerrübensaatgut ist nach wie vor in der EU zugelassen, weil Zuckerrüben erst in ihrem zweiten Lebensjahr in Blüte gehen und in der Regel bereits nach dem ersten Jahr geerntet werden. Was nicht blüht, kann die Bienen nicht gefährden, so die Argumentation. Das Problem hierbei ist jedoch der mit dem Gift belastete Staub, der beim Ausbringen des Saatguts in die Luft gelangt. Der Staub tötet die Bestäuber. Bayer propagiert daher den Einsatz von Sämaschinen, die mit gigantischen Staubsaugern ausgestattet sind.

Bayer ist zudem für den Ackerrandstreifen als Ökozone. Dort sollen Bienen jederzeit Nahrung finden, weil immer irgendetwas blüht. Abgesehen von den Bauern, für deren Milchmädchenrechnung ein solcher Streifen unbebauten Landes vordergründig einen finanziellen Verlust darstellt, macht noch eine ganz andere Tatsache einen Strich durch dieselbe: Eben weil immer irgendetwas blüht auf diesen Ackerrandstreifen, sind sie Todesfallen für Insekten, wenn gespritzt wird. Allein der Wind sorgt dafür, dass diese Blüten ihren Teil der Spritzung abbekommen.

Dr. Maus bemüht die Feststellung, Bayer unternehme etwas gegen die Varroamilbe. Es fallen die Stichworte Bayvarol Strips (Werbeslogan: »Meine Bienen werden leben«) und Perizin. Dies sind Arachnizide, die gezielt Spinnentiere abtöten sollen. Milben haben acht Beine und gehören neben Zecken und Skorpionen zur großen Familie der Spinnenartigen. Aber auch dieser Ansatz findet bei mir keine Gnade. Neben Rapshonig sind immer wieder Honige mit Pestizidrückständen auffällig geworden, bei denen Imker mit genau diesen Mitteln ihre Milben bekämpfen. Was ich von Perizin im Wachskreislauf halte, habe ich ja bereits im Kapitel über Bienenprodukte dargestellt.

Ab einem gewissen Punkt gleitet unser Gespräch ins absolut Irrationale ab. Der Bienenbeauftragte Dr. Maus vergleicht die Giftgabe auf dem Acker allen Ernstes mit der Heumahd. Da würden ja auch viele Insekten sterben. Ich verdrehe die Augen und weise den Wissenschaftler darauf hin, dass dieser Vergleich mehr als hinkt. Nicht nur in Bezug auf die Mortalitätsrate, die bei der Insektizidspritzung nahe hundert Prozent liegen dürfte, bei einer Heumahd jedoch deutlich darunter. Man muss auch die simple ökologische Tatsache im Auge behalten, dass der Lebensraum Wiese verschwindet und erst zu Busch, dann zu Wald wird, wenn nicht gemäht wird.

Dr. Maus kontert mit der Bemerkung, dass Neonics zwar tatsächlich zu den Nervengiften zählten, jedoch auch der Alkohol ein solches sei. Mit Alkohol hätte jedoch kaum einer ein Problem. Ich denke an die kürzlich in Bier festgestellte, bedenklich hohe Glyphosatkonzentration. Die Entgegnung, dass ich, vor die Wahl des Getränks gestellt, definitiv eher zu einem Glas Chianti als zum Kanister mit Imidacloprid greifen würde, erspare ich uns.

Jetzt sind wir endgültig beim Thema Lebensmittelsicherheit angelangt. Es ist untrennbar mit dem Schicksal unserer Bienen verbunden. Ich erkundige mich bei den beiden, wie sie es denn mit Bio-Produkten halten. Dr. Maus gibt nach einigem Gedruckse zu, dass er für seine Familie Bio-Produkte kaufe. Utz Klages hingegen verzehrt ausschließlich »konventionell« erzeugte Lebensmittel. Er wirkt auch ein wenig ungesund auf mich. Seine Gesichtsfarbe könnte allerdings auch von dem Ungemach herrühren, den ihm mein Besuch bereitet. Nach kurzem Überlegen wirft er hinterher, dass er gerne Äpfel alter Sorten isst. Äpfel aus dem Supermarkt schmecken ihm nicht. Ein kleines bisschen Bio darf es also selbst bei ihm sein.

Am Ende unseres Gesprächs komme ich noch einmal auf die Kuh zurück, die, von Bienen und Hummeln umsummt, auf einer Blumenwiese steht und Magerrasen wiederkäut. Ich bitte die Herren, dieses Tier vor ihrem inneren Auge zu visualisieren und mir zu sagen, was sie dabei denken.

»Ich denke an eine ländliche Idylle«, sagt Dr. Maus.

»Ich denke ans Bergische Land«, sagt Utz Klages.

Auch sie scheinen also Sehnsüchte zu haben. Wohlversorgt mit bunten Propagandaheftchen verlasse ich das Bee Care Center. Draußen mache ich noch ein paar Fotos und bin froh, als ich den Bürogebäuden der Schreibtischtäter den Rücken kehren kann.

Mein Fazit nach dem Besuch: Bayer wäre gerne der Freund unseres Herrn Bien. Aber es funktioniert einfach nicht. Man kann nicht Freund einiger weniger Insektenarten sein und gleichzeitig seine Milliarden damit verdienen, alle restlichen auszumerzen. Bayer ist nicht nur ein falscher Freund des Biens, sondern in Wahrheit ein Feind des Biens, ein Feind der Imker und ein Feind des Lebens in seiner Gesamtheit. Gemeinsam mit BASF und Syngenta hat der Konzern 2017 Klage eingereicht gegen die EU, wegen ihres teilweisen Verbots der Neonics. Das Schicksal der Bienen liegt nun also in der Hand von Paragraphenreitern und Amtsschimmeln. Bekommen die Konzerne Recht, dürfte dies Milliardenforderungen wegen entgangener Geschäfte nach sich ziehen. Die europäischen Behörden wären in einem solchen Fall in Zukunft wohl noch zögerlicher dabei, den Machenschaften der Konzerne ins Handwerk zu pfuschen.

Ich will versuchen, mich dem Thema philosophisch zu nähern. Aus Gesichtspunkten der Philosophie sind Bayer, Syngenta und Monsanto lediglich Symptome einer ausufernden, allgemeinen Geisteskrankheit des industrialisierten Menschen. Die nahm, in ihrer heutigen Form, bereits im Zeitalter der Aufklärung ihren Anfang. Womit wir in gewisser Weise wieder bei Rousseau angelangt wären. Mit der Erkenntnis der aufklärerischen Denker, dass Gott nicht existiere, entwickelte sich ein Vakuum ungeahnten Ausmaßes in der menschlichen Geisteswelt. Ersatz musste her. Wer sonst als der Mensch konnte demnach die Lücke füllen, die der plötzlich abwesende Gott hinterlassen hatte. Also begann der Mensch, selber Gott zu spielen. Die industrielle Revolution nahm ihren Anfang und zog als Rattenschwanz die sogenannte »Grüne Revolution« in der Landwirtschaft hinter sich her, mit ihren Maschinen, ihrem Kunstdünger und den Pestiziden.

Gleichzeitig waren es gerade aufgeklärte Geistliche, die sich der Bienen annahmen und in derselben Epoche auch die Imkerei revolutionierten. Nicht auszuschließen, dass sie durch ihre faszinierenden Einsichten in das Leben der Bienen zu einem neuen, einem anderen Gottverständnis fanden. Gott als Wunder des irdischen Lebens, ganz im Sinne des französischen Dichters und Insektenforschers Jean-Henri Fabre (1823 bis 1915), der mit folgendem

Zitat in die Geschichtsbücher eingegangen ist: »Ich glaube nicht an Gott. Ich sehe ihn.«

Es ist eine Binsenweisheit, dass die Wissenschaft der Menschheit zu einer Art Ersatzreligion geworden ist. Ihr Glaubensdogma ist der Fortschritt und ihre Priester sind die Wissenschaftler. Selbst dem Geldscheffeln ist eine Wissenschaft gewidmet: die Ökonomie oder Wirtschaftswissenschaft. Aller Inakkuratheit zum Trotz darf auch bei ihr der Nobelpreis nicht fehlen. Derart geadelt, wird sie höher geschätzt als die Ökologie, für die es natürlich keinen Nobelpreis gibt. Jesus warf die Geldwechsler seinerzeit nicht ohne Grund aus dem Tempel. Leider haben sie sich ganz, ganz schnell zurückgeschlichen.

Im Dienst der Ökonomie betrat der Alchimist Adolf von Baeyer die Bühne. Er versorgte die Menschen mit seinen »göttlichen« Substanzen für ihren Krieg gegen die größten Konkurrenten im Spiel um Nahrung und Macht auf unserem Planeten: die Insekten. Dieser Krieg wird beständig weitergeführt. Wie bei allen Kriegen kann es am Ende nur Verlierer geben. Gott zu spielen, kann ein teuflisches Geschäft sein.

9
Insektengehirne

»*Die komplexesten Verhaltenssteuerungen im Insektengehirn finden in den Pilz-körpern statt. Die Eingänge von den Sinnesorganen und von den vorverarbeiten-den Regionen im Gehirn sowie die Verarbeitung innerhalb des Pilzkörpers erfolgt unter anderem* über *nikotinische Acetylcholin-Rezeptoren. Neonicotinoide wir-ken auf diese Gehirnprozesse. Bei höheren Dosen ist dies tödlich, bei sehr niedri-gen Dosen stört dies die Gehirnprozesse: Wahrnehmen, Lernen, Erinnern, Orien-tieren, Navigieren, Kommunizieren.*«

Professor Randolf Menzel

Bei meinem Gespräch im Bayer Bee Care Center fiel der Name eines Mannes, der sich bei den Bayer-Leuten ja keines guten Klangs zu erfreuen schien: Professor Randolf Menzel, Neurobio-loge an der Freien Universität Berlin. Bei seiner Erwähnung verzog Dr. Maus sein Gesicht wie ein Schüler beim Gedanken an einen Lehrer, der ihn beim permanenten Pfuschen erwischt hat.

Ich beschließe, mit Professor Menzel Kontakt aufzunehmen. Leider verpasse ich ihn bei meinem Berlinaufenthalt um wenige Tage, da er in China und Japan weilt. Jeder kennt das Bild von Reisbauern, die bis zu den Knien im Wasser stehen und ihre Setz-linge pflanzen. Da immer wieder Reis auf den gleichen Feldern angepflanzt wird, müssen hohe Mengen von Pestiziden eingesetzt werden. Genau hier liegt das Problem: Über den Kontakt mit dem Wasser bekommen sie mehr Neonics ab, als ihnen guttut.

Neonics sind Nervengifte, die auch mit subletalen, also nicht sofort tödlichen Dosen dafür sorgen, dass der ihnen ausgesetzte Bien am Ende doch abstirbt. Die Gifte richten in den Gehirnen der Bienen Schäden an. So vergessen sie den Rückweg zu ihrem Stock, verenden ohne den dortigen sozialen Zusammenhalt oder werden ganz banal auf ihren Irrflügen von Vögeln oder Hornissen gefressen. Dieser von den Neonics hervorgerufene Aderlass ist das Todesurteil für den Bien. Durch seine Forschung ist Professor Menzel zum Hauptgegenspieler der Neonic-Branche geworden.

Doch ich greife vor. Da uns ein persönliches Zusammentreffen aus terminlichen Gründen unmöglich war, vereinbarten wir ein Telefongespräch, das ich von unserem Haus in Irland aus führte. Zum verabredeten Zeitpunkt greife ich zum Hörer und bekomme den Wissenschaftler an die Strippe.

Wir halten uns nicht lange mit Höflichkeitsfloskeln auf. Stattdessen geht es gleich zur Sache. Um ihn aus der Reserve zu locken, spiele ich den Advocatus Diaboli. Scheinheilig gebe ich ihm zu verstehen, ich würde seine Theorien anzweifeln. Schließlich tue der Bayer-Konzern der Menschheit im Allgemeinen und den Bienen im Besonderen doch jede Menge Gutes. Er beschäftige ja sogar ein Team von über zwanzig Mitarbeitern, das sich ganz und gar dem Wohle der Bienen verschrieben habe. Die Studien dieser Leute kämen doch zu ganz anderen Ergebnissen als die seinen.

Meine Strategie verfängt. Professor Menzel lässt sich dazu hinreißen, das Bayer Bee Care Center als das zu bezeichnen, was es auch meiner festen Überzeugung nach ist: die Investition eines Mega-Konzerns in Propaganda.

Menzel nennt die Dinge beim Namen. Die von den Agrarkonzernen in Auftrag gegebenen Studien zum Nachweis der Unschädlichkeit ihrer Pestizidprodukte würden nach wissenschaftlich unsauberen Methoden ausgeführt. Ihr Ziel sei es, den Interessen ihrer Auftraggeber zu dienen. Dafür hat Professor Menzel, im Gegensatz zu mir, sogar Verständnis.

Es folgen eine Reihe hochinteressanter Details zu den Gedächtnisleistungen des Bienengehirns und zu einigen interessanten Phänomenen aus der Welt der Insektenneuronen. Professor Menzel vermag es, selbst über den Telefondraht den Eindruck eines Menschen zu vermitteln, der sein ganzes Streben der ernsthaften Forschung widmet. Er ist mit Sicherheit kein Verschwörungstheoretiker. Die Quintessenz unseres Gesprächs bleibt für mich, dass ein solcher Mann eben jenen Studien sein Vertrauen versagt, auf die unsere nationalen und europäischen Kontrollbehörden sich berufen, wenn sie Pestizide für den Einsatz in der Landwirtschaft zulassen; geheim gehaltene Studien, deren Erstellung den Chemiekonzernen selber überlassen werden.

Professor Randolf Menzel hat seine bahnbrechenden Erkenntnisse über die Lernfähigkeit von Bienenindividuen in seinem Buch *Die Intelligenz der Bienen* gemeinsam mit Matthias Eckoldt der Öffentlichkeit zugänglich gemacht. Um die Gefährlichkeit der Neonics, die nach dem Ausbringen durch den Landwirt über Monate, ja sogar Jahre stabil ihre Giftwirkung entfalten, nachzuweisen, hat er zahlreiche Experimente unternommen. Eines davon gefiel mir besonders gut, wegen der lustigen Antennen, die er auf die Köpfe seiner Bienen klebte, ehe er sie auf Nektarsuche schickte. Mit einem speziellen Radargerät verfolgte er daraufhin ihre Flugbahnen. Bienen sind nicht nur fähig, sich die Landschaft anhand ihrer Topographie einzuprägen, sie können auch mindestens bis drei zählen und sind in der Lage, Informationen aus dem Schwänzeltanz, die sie im Stock über die Lage von verschiedenen Futterangeboten erhalten haben, in der Natur umzudeuten, ohne erst zur Neuorientierung zum Stock zurückkehren zu müssen. Man denke, um die Komplexität dieses Vorgangs verstehen zu können, an ein Kind, das zwar weiß, wie es von seinem Zuhause aus sowohl zu Spielkamerad A als auch zu Spielkamerad B finden kann, jedoch den direkten Weg von A zu B nicht kennt. Die Biene ist einem solchen Kind in ihrer Orientierungsfähigkeit allein durch die Wegbeschreibung des Schwänzeltanzes überlegen.

Professor Menzel schreibt in seiner Präsentation: »Auf Orientierungsflügen lernen die Bienen nicht nur zum Stock zurückzukommen (Wegintegration), sondern auch die Gegend im Bereich der Orientierungsflüge. Aufeinanderfolgende Orientierungsflüge sind in verschiedene Richtungen orientiert und erreichen zunehmend größere Entfernungen. Zur Orientierung dienen der Sonnenkompass, größere Landschaftsstrukturen und lokale Landmarken. Besonders wichtig sind langgestreckte Marken, in unserem Testareal: Grenzen, Wege, Wasserkanäle ...«

Professor Menzels Forschung umfasst auch folgendes hochinteressantes Phänomen: »Bienen laden sich im Flug elektrisch auf. Sie nehmen die elektrischen Felder wahr, lernen sie und verwenden sie vermutlich bei der Tanzkommunikation.«

Menzels Forschungsobjekt mit Miniantenne

Um ihre erstaunlichen Leistungen in Sachen Orientierung erbringen zu können, müssen Bienen lernfähig sein. Neonics stören jedoch nicht nur die sozialen Verhaltensweisen und damit auch die elektrostatischen Felder, die von den Bewegungen der Bienen im Stock ausgehen, sie stören auch die Lernprozesse im Bienengehirn. Um dies nachzuweisen, hat Professor Menzel deren Giftwirkung an Bienen in seinem Schlaflabor erprobt. Die Ergebnisse dieser Versuche liefern ein grausames, weil im Detail nachvollziehbares Bild vom Umgang des Menschen mit seinen Mitgeschöpfen, den Insekten. Menzel gelang es zu beweisen, dass auch Insektengehirne Schlaf benötigen, um Erfahrungen als »Erlerntes« abspeichern zu können. Er fixierte gesunde Bienen vor einem kleinen Gefäß mit Zuckerwasser. Vor dem Einschlafen bedienten sie sich daran. Sie schliefen einen ruhigen Schlaf, was man an den bewegungslosen Fühlern (der Biologe nennt sie »Antennen«) sehen konnte. Nach dem Aufwachen erinnerten sie sich an das, was sie mit der Zuckerwasser-Belohnung gelernt hatten, und fuhren prompt ihren Saugrüssel aus, um sich mit einem Frühstück zu versorgen.

Anders die Bienen, die eine subletale Dosis Neonics ins Zuckerwasser gemixt bekommen hatten. Wie bei Menschen auf Kokain oder Amphetaminen war ihr Schlaf unruhig, wenn sie denn überhaupt schliefen. Ständig ging hektisch und ruhelos das Antennenpaar hin und her, und beim Aufwachen erinnerten sie sich nicht mehr an das Zuckerwasser vor ihrer Nase. Ihr Saugrüssel blieb eingefahren.

Durch die Schädigung seines Lernvermögens kann selbst ein so robustes Wesen wie die Biene all ihren vielfältigen Aufgaben nicht mehr nachkommen.

10

Zu Besuch bei Deutschlands einzigem Hummelzüchter

In den tiefen Wäldern des Taunus versteckt sich ein Labor, das für die Ernährung Deutschlands von allergrößter Bedeutung ist. Im Innern einer unauffälligen Industriehalle befindet sich Deutschlands einzige Hummelzucht. Herr über die Hummeln ist ein Hüne von Mann namens Rüdiger Schwenk. Wohl jeder in unserem Land hat schon einmal in eine Tomate oder einen Apfel gebissen, deren Fruchtknoten im Blütenstadium von einer Hummel bestäubt wurde, die aus Rüdiger Schwenks Zucht stammte. Seine Hummeln sind laut eigener Aussage von allerbester Qualität und top gesund. Er verschickt jährlich an die tausendfünfhundert Völker. Ich treffe ihn an einem sonnigen, jedoch bereits kühlen Nachmittag im Herbst zum Interview.

In seinem Büro bekomme ich einen leckeren Kaffee serviert. Er beginnt das Gespräch mit einer Rechnung: Eine Hummel besucht pro Tag etwa dreitausend Blüten. Pro Volk gehen im Schnitt dreißig Arbeiterinnen dem Nektar- und Pollensammeln nach, während sich der Rest des Volkes um Brut und Königin kümmert. Die dreißig Arbeiterinnen im Außendienst schaffen es also, pro Tag neunzigtausend Blüten zu bestäuben. Bereits nach elf Tagen erreicht ihre Bestäubungsleistung die Millionengrenze. Das gibt eine Menge Äpfel und Tomaten.

Hummeln fliegen schon bei Temperaturen um die 8 Grad Celsius, während die Biene erst bei 13 Grad losfliegt und 15 Grad benötigt, um richtig in Fahrt zu kommen, weiß Schwenk zu berichten. Da während der Obstblüte im Frühjahr oft niedrige Temperaturen vorherrschen, seien Hummeln mit ihrem dicken Pelz hier also klar im Vorteil.

Im vorderen Teil von Rüdiger Schwenks Industriehalle ist eine Schmiede untergebracht. Bei unserem ersten Treffen im Sommer hatte ich mein Kommen nicht angekündigt. Ich war gerade in der Gegend, fuhr auf gut Glück bei ihm vorbei und traf ihn mit einer Handvoll Gehilfen beim Training für die Schmiedeweltmeisterschaft im italienischen Stia. Damals hatte er keine Zeit für meine Fragerei. Bei dem Wettbewerb machte er einige Tage später den dritten Platz und ist somit der Bronzeweltmeister 2017 in der Schmiedekunst. Mit anderen Worten: Er ist einer der besten Kunstschmiede weltweit.

Der studierte Diplom-Ingenieur, Autodidakt und Tausendsassa ist ein Mann, der sich nicht gerne in die Karten schielen lässt. In Sachen Hummelzucht hat er sich aus eigener Kraft ein Spezialwissen erarbeitet, das er hütet wie seinen Augapfel. Auf Detailfragen reagiert er misstrauisch. Mehrfach höre ich aus seinem Mund statt einer Antwort das Wort »Betriebsgeheimnis«. Trotzdem gelingt es mir, ihm ein oder zwei dieser Geheimnisse zu entreißen. Anfang der neunziger Jahre kam er das erste Mal mit dem Thema Hummelzucht in Berührung im Zuge eines Forschungsauftrags des Fachbereichs Biologie der Universität Mainz. Der seinerzeit mit dem Projekt betreute Biologe, ein Bekannter von Schwenks damaliger Lebensgefährtin, hatte den fähigen, jungen Diplom-Ingenieur damit beauftragt, eine Transportbox für die Hummeln zu ersinnen.

Nach dem mehr oder weniger ergebnislosen Ende des Uniprojekts übernahm Schwenk aus der Konkursmasse die Hummeln und setzte die Forschung an ihnen auf eigene Faust weiter fort. Ohne jegliche staatliche Förderung perfektionierte er die Zucht von Laborhummeln im Trial-and-Error-Verfahren. Ich erfahre ein paar interessante Einzelheiten. Schon die erste ist ein Knaller. Schwenk hat es geschafft, Honigbienen in die Hummelaufzucht einzubinden. In der Natur muss die Hummelkönigin, wie wir wissen, sich erst aufwendig ein Nest bauen und Nektar und Pollen für die eigene Ernährung sowie die der ersten beiden Generationen von Arbeiterinnen selber beschaffen und daneben noch das Geschäft der Brutpflege betreiben. In Rüdiger Schwenks Labor hingegen bekommt sie, nach Beendigung des künstlichen Winterschlafs in einem Kühlschrank, junge Honigbienen als Ammen dazugesetzt. Dergestalt artübergreifend umsorgt, kann die junge Hummelkönigin sich umgehend komplett auf die Eiablage konzentrieren. Entsprechend schnell ist das transportfähige Volk fertig für seinen Einsatz in Gewächshäusern oder Obstplantagen.

Schwenk füttert die Tiere mit einer Mischung aus Zuckerwasser und Pollen, die er zu einer Art Wurst zusammenpresst und scheibchenweise verabreicht. Die voll entwickelten Völker werden in die von ihm konstruierte Box gepackt und ohne Nahrung verschickt. So kommen sie hungrig an ihrem Bestimmungsort an und beginnen sofort mit der Bestäubungsarbeit. Zwanzig bis dreißig Völker hält er für die Zucht zurück. Diese Tiere erblicken nie das Tageslicht, aber das scheint ihnen nicht viel auszumachen. Schließlich entspricht ein Leben in der Dunkelheit des Nestes ihrer Natur.

Die Begattung findet gegen Ende der Saison in einem Begattungskäfig statt. Dort schwirren Drohnen und Königinnen vergnügt umeinander her. Beginnen zwei zu kopulieren, fängt Rüdiger Schwenk sie mit seinen großen Schmiedshänden und sperrt sie in eine dunkle Kiste, wo das Liebespaar den Akt des Beischlafs kuschelig zu Ende bringen kann. Die Königin kann während des Begattungsakts nicht stechen und Drohnen haben bekanntermaßen an Stelle des Stachels den Begattungsapparat – das Fangen ist also kein Problem und Schwenk hat mit dieser Methode die Gewissheit, wirklich nur begattete Königinnen in den Kühlschrank-winterschlaf zu schicken.

Um die Spermatheka der Hummelkönigin zu füllen, reicht ein einziger Begattungsakt. Ein Akt übrigens, den der Hummeldrohn, anders als sein beklagenswerter Counterpart unter den Honigbienen, überlebt. Haben die Drohnen ihre Aufgabe erledigt, entlässt Schwenk sie in die Natur, wo der Schwarm Strohwitwer zu Schwenks Leidwesen regelmäßig sein frühes Ende in den Schnäbeln hungriger Vögel findet.

Zu Schwenks Kunden gehören neben den Profis auch viele Privatleute, die Spaß daran haben, ein Hummelvolk in ihrem Garten fliegen zu haben. Schwenk findet das vollkommen in Ordnung. Von Hummelhotels hält er nichts. Die Hummeln nähmen sie frei-

Rüdiger Schwenk,
Deutschlands
einziger
Hummelzüchter

willig nur in Ausnahmefällen an, weshalb manche Leute nach einer Phase des Frusts dazu übergingen, Hummelköniginnen in der Natur einzufangen und sie zwangsweise in die künstliche Behausung einzusiedeln. Den Geraubten verhungert in der Folge zu Hause die Brut, während sie selber im Hummelhotel meist an Stress zugrunde gehen. Stress können sie nämlich gar nicht vertragen. Bei diesen Worten denke ich an den verwaisten Hummelkasten neben der Eingangstür des Bayer Bee Care Centers und nicke verstehend.

Auch von Mauerbienenzucht hält er nichts. Dies sei gar keine richtige Zucht, die Tiere würden lediglich an einem Ort der Natur entnommen und an einen anderen verbracht, wo sie wirtschaftlichen Nutzen brächten, nun jedoch an ihrem Herkunftsort fehlten. Er merkt an, dass die Geschäfte mit Mauerbienen in einem gesetzlichen Graubereich stattfänden und eigentlich illegal seien, da es sich bei den Insekten um Wildtiere handele, die unter Naturschutz stünden und der Handel mit ihnen somit untersagt sei. Auch sei die Bestäubungsleistung der solitär lebenden Wildbienen in keiner Weise mit der eines Hummelvolks vergleichbar. Obstbauern, wie die Familie Rönn aus Kapitel 4, würden dies ganz schnell merken.

In einer Welt, in der es nötig geworden ist, die Bestäubung unserer Nutzpflanzen mit Laborhummeln zu gewährleisten, spielt der Kunstschmied Rüdiger Schwenk eine Rolle im Verborgenen. Die Tragweite seiner Entdeckungen dürfte uns wohl schon in relativ naher Zukunft richtig klar werden. Vor allem dann, wenn sie auf einmal fehlen, weil Schwenk bei seinem Plan bleibt, sein Wissen mit ins Grab zu nehmen. Ich finde sein Verhalten in dieser Hinsicht durchaus nachvollziehbar. Bei allem Idealismus steckt der Hummelliebhaber und bekennende Menschenfreund nämlich in einem Dilemma. Würde er seine hart erarbeiteten Forschungsergebnisse mit der Öffentlichkeit teilen, stünden im Nu große Player aus dem agroindustriellen Komplex parat, um mit milliardenschwerer Marktmacht sein, trotz aller Professionalität, doch überschaubares Bestäubungsunternehmen zu zertrümmern. Durch Dr. Maus weiß ich, dass der Bayer-Konzern fieberhaft in diese Richtung arbeitet. Er dürfte die obigen Zeilen mit einigem Interesse lesen. Ihm und den anderen Strategen seines Konzerns wäre nichts lieber, als mit Labortieren die leidigen Wildinsekten komplett verzichtbar zu machen.

11
Bienensterben

Wer über das Bienensterben schreibt, sollte das allgemeine Insektensterben nicht unbeachtet lassen. Den Bienen geht es ja durch ihre Symbiose mit der Bestie Mensch trotz allem immer noch vergleichsweise gut. Die Verkürzung der Diskussion auf die Bienen ist ein geschickter Propagandaschachzug.

Im Jahr 1989 stellten Insektenforscher des Entomologischen Vereins Krefeld im Naturschutzgebiet Orbroicher Bruch eine Malaise-Insektenfalle auf, um den Jahreszyklus der Insektenvorkommen auf einer Wiese zu bestimmen. Damals fing die Falle rund tausendvierhundert Gramm Insektenmasse. 2013 wiederholten sie den Versuch, mit dem Ergebnis, dass nur noch rund dreihundert Gramm Insekten in der Falle landeten. Schockiert gingen sie mit ihren Ergebnissen an die Öffentlichkeit und lösten damit einen gehörigen Medienrummel aus. Das Bundesumweltministerium bestätigte auf Anfrage der Grünen den Rückgang unserer Insekten um bis zu achtzig Prozent. Ministerin Barbara Hendricks (SPD) nahm das Thema auf und ließ sich mit dem Satz zitieren: »Wer heute mit dem Auto übers Land fährt, findet danach kaum noch Insekten auf der Windschutzscheibe.«

Laut Roter Liste gelten fünfundvierzig Prozent unserer Insektenarten als gefährdet. Von den fünfhundertsechzig in Deutschland vorkommenden Wildbienenarten gilt dies für zweiundvierzig Prozent. Auch die staatenbildende Verwandte der Bienen, die

Ameise, ist stark betroffen. Bei ihr sind zweiundneunzig Prozent der Arten im Rückgang begriffen. Analog dazu verschwinden Vögel und die Fledermäuse, die auf Insekten als Nahrung angewiesen sind.

Es dauerte nicht lange, da gingen die Kräfte der Beharrung zum Gegenangriff über. Aus dem Lager der CDU hieß es, die Zahlen aus Krefeld könnten nicht verallgemeinert und auf ganz Deutschland angewandt werden. Das hatten die allerdings auch nie behauptet. Es gibt wahrscheinlich Gegenden in Deutschland, wo es etwas besser um die Insekten steht, und andere, wo es noch schlimmer ist. Nur fehlen halt allerorts zum Wohlgefallen der Konzerne und ihrer Büttel in der Politik, allen voran das Landwirtschaftsministerium unter Christian Schmidt (CSU), die Langzeitstudien. Die Erhebungen der Krefelder gehören zu den wenigen, die es überhaupt gibt. Insgesamt wurden sie an dreiundsechzig Standorten in Nordrhein-Westfalen, Rheinland-Pfalz und Brandenburg ausgeführt. Überall weist die Kurve der Insektenvorkommen steil nach unten. Trotzdem wurde gestreut, die Ergebnisse aus den Malaise-Fallen seien eine rot-grüne Wahlkampffalle – die Diskussion fand kurz vor der Bundestagswahl 2017 statt. Der TV-Journalist Ranga Yogeshwar verhöhnte die Krefelder Entomologen als »Hobby-Forscher«, wohl in der Absicht, die Ergebnisse ihrer Arbeit als laienhaft abzuwerten. Auch diese *alternative reality* entspricht nicht der Wahrheit und ist eines Donald Trump würdig: Der Spiritus Rektor des Krefelder Vereins, Dr. Martin Sorg, ist Biologe und hat mit einer Arbeit über Insekten promoviert. Sicherlich versteht der Mann mehr von der Materie als der Fernsehmann Yogeshwar, der sich mit seinem Angriff verdächtig gemacht hat, als Lakai des agro-chemischen Kapitals zu agieren.

Die Hauptschuld am großen Sterben trägt zweifelsohne der Gifteinsatz in unserer Landwirtschaft. Aber es gibt auch andere Ursachen für den dramatischen Rückgang: Rotoren von Windkraftwerken drehen sich langsamer vor lauter zermalmter Insektenmasse. Unsere Nachtfalter haben sich längst totgeflattert an den allgegenwärtigen Straßenlaternen. Wer sich über einen Mangel an toten Insekten an der Windschutzscheibe beklagt, sollte sich die Frage stellen, ob er sie vielleicht einfach zu lange Zeit bedenkenlos totgefahren hat. Hinzu kommt der Lebensraumverlust, für den wiederum zu einem großen Teil die Landwirte verantwortlich sind.

Lassen wir jedoch an dieser Stelle den Rest unserer Insektenwelt einmal beiseite und richten unser Augenmerk speziell auf das Sterben unserer Bienen. Trotz ihrer menschlichen Kümmerer geht es auch den Bienen nicht besonders gut. Seit einiger Zeit geistert der aus den USA stammende Begriff Colony Collapse Disorder (CCD) durch die Welt der Imker: Im Stock fehlen die erwachsenen Arbeiterinnen, während Jungbienen, Brut, Honig und Pollen noch vorhanden sind. Der Verdacht liegt nahe, wie schon beschrieben, dass die Orientierungssinne der Sammlerinnen durch Kontakt mit Neonics benebelt werden und sie einfach nicht mehr zurückfinden. Das bedeutet, dass in der Folge der komplette Bien stirbt.

Doch nicht nur die Pestizide selbst verursachen den Tieren Probleme. Vor kurzem wurde ein interessanter Fall öffentlich, in dem der Pestizidhilfsstoff Sylgard 309 des Silikongiganten Dow Corning das Immunsystem von Bienenlarven schädigt, sodass sie Virusinfektionen nichts mehr entgegenzusetzen haben. Sylgard 309 ist ein Silikon, das den Pestiziden beigemischt wird, um beim Spritzvorgang die Tröpfchenbildung zu vermeiden und so eine gleichmäßige Verteilung des Giftes auf den Blättern zu gewährleisten. Es gilt nach wie vor offiziell als ungefährlich. In Versuchen der Pennsylvania State University zeigte sich jedoch, dass nur jede vierte Bienenmade, die ihm ausgesetzt wurde, sich normal entwickeln konnte. Professor James Frazier von der Pennsylvania State University kam dem Stoff auf die Spur, indem er den Einsatz von Agrarchemikalien mit dem Sterben der Bienenvölker während der kalifornischen Mandelblüte abglich. So fand er heraus, dass dem Beginn des Phänomens der Colony Collapse Disorder, der auf das Jahr 2006 angesetzt werden kann, ein massiv erhöhter Einsatz des Silikons vorausging.

Varroa

All diese unerfreulichen Dinge sind beileibe nicht die einzigen Ursachen für das Bienensterben. Neben den profitgierigen Akteuren aus dem agrarindustriellen Komplex haben der Bien und seine Hüter, die Imker, auch mit einer ganzen Reihe natürlicher Feinde zu kämpfen. Der gefährlichste hiervon ist der eingeschleppte Parasit namens Varroamilbe (*Varroa destructor*). Sie wurde bislang mehrfach erwähnt, nun wollen wir Varroa einmal ein wenig genauer unter die Lupe nehmen. Die Milbe kommt ausschließlich in Bienenstöcken oder auf umherfliegenden Bienen vor, niemals frei in der Natur. Die Weibchen dieser Art werden etwa 1,1 Millimeter lang und 1,6 Millimeter breit. Wie bei vielen Spinnentieren sind die Weibchen erheblich größer als die Männchen – die bekommt man als Imker nicht zu Gesicht. Das liegt nicht nur an ihrer Winzigkeit, sondern auch daran, dass sie die Brutzelle der Bienenmade nicht verlassen. Sie schlüpfen dort, begatten die Weibchen und sterben. Die Larve der Milbe entwickelt sich im Ei. Nach dem Schlüpfen nennt man den jungen Organismus Protonymphe, daraus wird die Deutonymphe, die schließlich zur fertigen Milbe heranwächst. Vier Fünftel der Milben schlüpfen als Weibchen aus ihren Eiern. Männchen und Nymphen haben entweder nicht die geeigneten Beißwerkzeuge oder nicht die Kraft, um die Haut der Bienenmade zu durchdringen. Die Muttermilbe muss ihr Wunden beibringen, damit sich Brut und Gemahl daran laben können.

Die erwachsenen weiblichen Milben saugen an den Arbeiterinnen. Meist bohren sie sich an der Intersegmentalhaut zwischen den Bauchschilden der Biene fest, sie können aber auch woanders sitzen. Die Verbreitung findet durch direkten Kontakt von Tier zu Tier durch fremde, fehlgeleitete Bienen statt, die in einen nicht befallenen Stock eindringen. Befallene Maden sind etwa ein Zehntel kleiner als ihre gesunden Schwestern. Doch die schädigende Wirkung beruht nicht allein auf der Schwächung durch Aussaugen, das unter anderem wie bei den Neonics zu Orientierungsproblemen führen kann, sondern auch auf der Übertragung von Viren wie dem Flügeldeformationsvirus (DWV) und einer allgemeinen Schwächung des Immunsystems.

Trotz einer relativ geringen Vermehrungsrate schafft es die Varroamilbe, ein Volk innerhalb von drei bis vier Jahren zugrunde zu richten. So jedenfalls steht es in den Büchern. Dies deckt sich allerdings nicht mit meinen eigenen Erfahrungen: Ein Volk, bei dem ich einmal während des Einwinterns mit der Varroabehandlung geschlampt habe, hat schon den Winter nicht überlebt.

Der ursprüngliche Wirt der Varroamilbe ist die Östliche Honigbiene. Sie hat im Laufe einer Jahrtausende, wenn nicht sogar Jahrmillionen währenden Koevolution Fähigkeiten entwickelt, mit dem Parasiten zurechtzukommen: zum einen durch ein ausgeprägtes Putzverhalten, mit dem sie sich die Milbe vom Leib hält, zum anderen ist die Brutzeit der Arbeiterinnenlarven kürzer als bei ihren westlichen Verwandten. Sie schlüpfen, bevor die Milben sich fertig entwickeln können. Dies führt dazu, dass fast ausschließlich Drohnenmaden befallen werden. Der Westlichen Honigbiene fehlen diese Abwehrmechanismen. Versuche, resistente Stämme zu züchten, verliefen bisher wenig erfolgversprechend. Allerdings hat man beobachtet, dass die Afrikanisierte Biene, also die aggressive »Killerbiene«, mit der Milbe tatsächlich besser fertig wird als ihre friedlichen europäischen Stammformen.

Der Wirtssprung des Parasiten fand in der Mitte des vergangenen Jahrhunderts statt. 1952 wurde Varroa das erste Mal an der russischen Pazifikküste bei der Westlichen Honigbiene festgestellt. In Europa fand der erste Nachweis 1967 in Bulgarien statt, in Deutschland 1977. Verstärkte Wanderimkerei als Folge der industrialisierten Landwirtschaft sowie der Versand von Paketbienen und Königinnen wirkten hier als Brandbeschleuniger.

Heute kann man sagen: Varroa hat dafür gesorgt, dass der Mensch und die Westliche Honigbiene sich gegenseitig in der Hand haben. Hilft ihr der Mensch nicht gegen Varroa, so wird sie aussterben. Was wiederum für die Menschheit zu einem echten Problem würde. In Österreich und der Schweiz ist die Varroose, also der Befall mit der Varroamilbe, als Tierseuche meldepflichtig. In Deutschland entfällt diese Regelung, weil hierzulande quasi alle Bienenvölker von der Seuche betroffen sind.

Ich behandele meine Bienen gegen Varroa mit einer dreimaligen Gabe von fünfundsechzigprozentiger Ameisensäure, über ein Gerät mit dem illustren Namen »Nassenheider Verdunster«. Man stellt ihn einfach über den Brutraum, über einen Docht verdunstet die Säure dann gleichmäßig und verteilt sich im Stock. Ameisen-

Der Nassenheider Verdunster kann einfach auf die Wabengassen über dem Brutraum gesetzt werden. Beim Hantieren mit hochkonzentrierter Ameisensäure ist jedoch Vorsicht und Konzentration geboten.

säure tötet die Milben auch durch den Wachs der verdeckelten Brutzellen hindurch. Andere Imker arbeiten mit der »Schwammtuchmethode« oder dem »Liebig-Dispenser«.

Die erste Behandlung erfolgt direkt nach der letzten Honigernte, noch vor dem Einfüttern. Danach werden die Bienen noch zweimal im Herbst der Säuredusche ausgesetzt. Kontrolle erfolgt durch die »Windel« – das kann ein in Öl getränktes Küchenpapier oder ein weißer Plastikschieber sein. Die »Windel« wird bei der Behandlung in den Beutenboden geschoben. Zieht man sie wieder heraus, kann man die toten Milben zählen. Am Anfang der Behandlung können das Hunderte sein. Erst ab einem Milbenfall von bis zu drei Exemplaren pro Woche kann der Imker relativ sicher sein, dass sein Volk den Winter übersteht.

Zusätzlich zur Ameisensäure kommt um die Weihnachtszeit herum dreieinhalbprozentige Oxalsäure zum Einsatz. Dann nämlich herrscht im Stock die brutfreie Zeit und man erwischt die Milben, die auf den ausgewachsenen Bienen sitzen. Man träufelt die Säure mit einer Kanüle direkt in die Wabengassen.

Beim Kunstschwarmverfahren wiederum wird, wie bereits ausführlich beschrieben, fünfzehnprozentige Milchsäure benutzt. Man sprayt den Schwarm damit ein und kann danach sicher sein, ein milbenfreies Volk in seine neue Behausung zu geben.

Wer mit Säuren hantiert, der braucht Schutzbrille, Handschuhe und einen Kanister mit Wasser, um im Notfall die Säure verdünnen zu können. Mir passierte vor kurzem aus Unachtsamkeit folgender Unfall: Beim Befüllen des »Nassenheider Verdunsters« mittels einer Laborflasche geriet mir ein Tropfen Ameisensäure auf meinen Imkeranzug. Ich zog die Handschuhe aus, griff nach dem vermeintlichen Wasserkanister und kippte ordentlich »Wasser« auf den Anzug und über meine Hände. Schnell merkte ich, dass ich den falschen Kanister gegriffen hatte: Ich hatte mir die Säure über Anzug und Hände geschüttet. Ätzend fraß sie sich in meine Haut.

Mein Glück war, dass es geregnet hatte und ich mir die Hände in einer großen Pfütze abspülen konnte. So kam ich ohne ernsthafte Verletzung davon …

Hoffnung auf eine rein biologische Lösung des Varroa-Problems macht ein Nützling, der wie die Milbe ebenfalls aus der großen Familie der Spinnentiere (*Arachnida*) entstammt. Der Bücherskorpion (*Chelifer cancroides*) macht nicht nur in verstaubten Folianten Jagd auf Staubmilben. Er kommt auch im Bienenstock vor, wo ihm die Varroa reichlich Beute beschert. Leider wird aber bei jeder Arachnizidgabe, egal ob Bayer-Produkt oder organische Säure, immer auch der Bücherskorpion erledigt. Aktuell erforscht Professor Jürgen Tautz die gezielte Vermehrung des Bücherskorpions in der »HOBOSphere Bienenkugel«.

Tracheenmilbe

Die Tracheenmilbe (*Acarapis woodi*) ist eine Verwandte der Varroa, allerdings bedeutend kleiner als diese. Sie erreicht die Größe von etwa 0,1 Millimeter und setzt sich in den vordersten Luftröhren in der Brust der Bienen fest, wo sie sich von ihren Körperflüssigkeiten ernährt und die Bienen schwächt. Das Tracheengewebe vernarbt, Viren und Bakterien können durch die Einstichlöcher in den Bienenkörper gelangen und schließlich kann die Atmung beeinträchtigt werden, wenn sich hundert und mehr Milben pro Trachee festsaugen. Die Folge ist Flugunfähigkeit. Der Fachmann spricht dann von »Krabblern«, die sich manchmal in Haufen unterhalb der Bienenbeute sammeln. Die Milbe macht während der Saison vor allem bei nasskalter Witterung Probleme, weil dann die Bienen lange Zeit eng aufeinander hocken und sich so die Ansteckungswahrscheinlichkeit erhöht. Alle drei Bienenwesen im Stock werden befallen: Arbeiterinnen, Drohnen und auch die Königin.

Früher allseits gefürchtet, hat sich angesichts der Verheerungen durch Varroa der Schrecken der Tracheenmilbe relativiert. Sie gilt als »Faktorenkrankheit«, die beispielsweise durch Witterung, Völkerführung oder den Standort beeinflusst wird.

Nosema

Ein weiterer Plagegeist des Biens ist ein einzelliger Parasit namens *Nosema apis*. Er führt bei den Bienen zu einer Durchfallerkrankung, die sich vor allem durch gelbliche Kotstreifen auf Waben, Rähmchen oder Beutewand zu erkennen gibt. Nosema tritt meistens bei schlechtem Wetter im Frühling auf. Es verkürzt das Leben vor allem der Arbeiterinnen. Ein Warnsignal besteht in flugunfähig gewordenen Tieren, die in der Nähe des Fluglochs hilflos auf dem Boden herumkrabbeln. Wird die Königin befallen, degenerieren ihre Eierstöcke. Sie kommt dann mit dem Eierlegen nicht nach und muss ersetzt werden. Meist ringt sich der Bien zu einem solchen Schritt aber erst gegen Ende des Sommers oder zu Beginn des Herbstes durch, sodass die junge Königin nicht mehr ausreichend begattet werden kann, weil zu dieser Zeit kaum noch Drohnen unterwegs sind. Amerikanische Wissenschaftler konnten übrigens nachweisen, dass Neonics die Bienen signifikant anfälliger machen für diese Krankheit, wie 2010 in der US National Library of Medicine zu lesen. Keime und Chemikalien entwickeln synergetische Kräfte, die den Bienen zusetzen.

Faulbrut

Wie der Name vermuten lässt, befällt die Faulbrut den Nachwuchs der Bienen, die Larven. Man unterscheidet zwischen der amerikanischen und der europäischen Variante. Die Amerikanische wird auch Bösartige Faulbrut genannt und ist von beiden die gefürchte-tere. Sie stammt übrigens nicht aus Amerika. Das wäre rein evolu-tionär gesehen schon Unsinn, da die Westliche Honigbiene ein Altwelttier ist, das erst vor ungefähr fünfhundert Jahren vom wei-ßen Mann in die Neue Welt eingeschleppt wurde. Die Krankheit kam vielmehr zu ihrem Namen, weil sie in Amerika das erste Mal beschrieben wurde.

Beide Varianten lassen sich am Geruch erkennen. Die Europäi-sche riecht säuerlich, weshalb sie auch Sauerbrut genannt wird. Ihr Erreger, das Bakterium *Melissococcus plutonius,* ist mit den Milchsäu-rebakterien verwandt. Die Bienenlarve stirbt nach dem Befall ab, behält aber ihre Struktur, die nur etwas weich und wabbelig wird. Die Amerikanische Faulbrut hingegen stinkt nach Knochenleim. Bei ihr zersetzt der Erreger die Bienenmade zu einer schleimigen Masse, die letztlich eintrocknet und Platz macht für bis zu zweiein-halb Milliarden Sporen, die über fünfzig Jahre lang lebensfähig sind.

Die bösartige Amerikanische Faulbrut ist in Deutschland und Österreich anzeigepflichtig, in der Schweiz meldepflichtig. Gewis-senhafte Imker kontrollieren ihre Bestände regelmäßig im Abstand von zwei bis drei Jahren mit der sogenannten Futterkranzprobe. Ist in der Umgebung ein Fall der Seuche aufgetreten, sollten diese Kontrollen jährlich stattfinden. Der beste Zeitpunkt, eine Futter-kranzprobe zu entnehmen, ist im Frühjahr vor dem Aufsetzen der Honigräume. Als Futterkranz werden die Honig- und Pollenzellen bezeichnet, die im Halbkreis um die bebrüteten Zellen mit den Eiern und den Larven angelegt sind. Aus diesem Teil schneidet man mit einem Messer oder dem Stockmeißel ein Stück heraus und schickt es an das nächste Veterinärsamt. Die Untersuchung kostet etwa 15 Euro. Man kann bis zu sechs Waben als Sammel-probe einschicken.

Damit aus dem Verdacht Gewissheit wird, kommt die Streich-holzprobe zur Anwendung. Man nimmt ein Streichholz am Schwe-

Drei Viertel der Honigwabe sind verdeckelt. Sie ist reif zur Ernte.

felköpfchen zwischen Daumen und Zeigefinger und sticht es in eine verdächtig wirkende Zelle. Kommt als Ergebnis eine schleimige Masse am Streichholzende hervor, so besteht akuter Handlungsbedarf. Veterinärämter können das Abschwefeln der Bienen und das Verbrennen der Kisten anordnen. Beim Abschwefeln werden gelbe Schwefelstreifen abgebrannt, die mit dem Sauerstoff aus der Umgebung das hochgiftige Gas Schwefeldioxid erzeugen. Kommt dieses nun mit dem Wasser in den Atmungsorganen der Bienen (oder auch des Imkers) in Berührung, entsteht tödliche Schwefelsäure. Diese Brachialmethode wirkte sich in der Vergangenheit nicht unbedingt förderlich auf die Meldefreudigkeit der Imker aus, weshalb die Veterinärsämter in jüngster Zeit eher dazu tendieren, befallene Völker sanieren zu lassen. Da erwachsene Bienen von der Krankheit nicht betroffen werden, ist das Kunstschwarmverfahren eine Möglichkeit, die Völker zu retten und ihnen in desinfizierten Kisten einen neuen Start zu ermöglichen. Bienenkisten werden saniert, indem man sie mindestens zwanzig

Minuten lang mit 120 Grad heißem Wasserdampf behandelt. Eine Mitgliedschaft in einem Imkerverein ist hier von Vorteil. Dort werden gemeinsam regelrechte Sanierungsstraßen errichtet, um der Seuche Herr zu werden.

Da die Sporen der Faulbrut auch durch den Honig transportiert werden können, stellen Altglascontainer einen steten Ort der Neuansteckung dar. Wer hier sein Honigglas ungespült hineinwirft, lockt Bienen aus der näheren Umgebung an. Gerade wenn der Honigrest in dem Glas nun aus einem Land stammt, in dem keine Seuchengesetze nach deutschem Maßstab gelten beziehungsweise es an deren Umsetzung mangelt, besteht immer die Gefahr, dass auf diese Weise die Seuche weitergetragen wird.

Kalkbrut

Kalkbrut wird ein Krankheitsbild genannt, das durch Infektionen mit dem Schimmelpilz *Ascosphaera* hervorgerufen wird. Die Sporen keimen im Darm der Bienenmade aus und durchwuchern die ganze Made, die dann wie ein kleiner Wattebausch aussieht. Sie trocknet ein zur Mumie und bekommt eine kalkige, weiß-gelbliche Konsistenz. Gegen diese Krankheit gibt es keine Medikamente. Meistens gesunden die Völker von alleine. Man kann ihnen dabei helfen, indem man ihren Putztrieb durch Wandern in eine gute Tracht fördert, indem man sie einengt oder indem man sie von Standorten entfernt, die zu feucht sind, etwa weil sie in nebelanfälligen Niederungen oder zu nah am Wasser stehen. Ich selbst hatte bei einem meiner Völker im regenreichen Sommer 2017 einen Fall von Kalkbrut, der von alleine wieder verschwand.

Kleiner Beutenkäfer

Der Kleine Beutenkäfer *(Aethina tumida)* stammt ursprünglich aus dem südlich der Sahara gelegenen Teil Afrikas, wo die Bienen sich mit ihm arrangiert haben. Wobei ein Befall mit diesem Käfer einem geschwächten Volk auch dort durchaus den Rest geben kann. Die Maden des Käfers fressen sich munter quer durch die Waben und vertilgen von Wachs über Pollen bis zum Honig alles, was ihnen in den Weg kommt. Am liebsten aber mögen sie Bienenlarven. Im hohlen Baum, dem raren, natürlichen Wohnraum des Biens, räumt er so den »Schwächling« weg und sorgt dafür, dass nach einer Weile wieder Platz ist für einen ausgeruhten, frischen Bienenschwarm. Der kleine Beutenkäfer dient also einerseits der natürlichen Auslese, in der nur die Stärksten überleben dürfen, und ist andererseits ein Hausmeister der Natur, der eine heruntergewirtschaftete Wohnstätte neu bezugsfertig macht. Der Kleine Beutenkäfer kann fliegend große Strecken zurücklegen und lässt sich dabei von seiner Nase leiten.

Mit Paketbienen durch die Weltgeschichte geschickt, hat er es geschafft, sich nach Nordamerika und Australien auszubreiten. Die Wanderimkerei tat ein Übriges, die Art über die Landmassen hinweg zu verbreiten. Als er 2014 das erste Mal in Süditalien gesichtet wurde, hatte das umfängliche Quarantänemaßnahmen zur Folge. Trotzdem ist es wohl nur eine Frage der Zeit, bis er die Alpen überquert und nach Nordeuropa vordringt. In Großimkereien kann er vor allem dann beträchtlichen Schaden anrichten, wenn der Honig nicht direkt nach der Ernte geschleudert wird, sondern erst einmal eine Zeit lang in den Waben gelagert wird. In den vom Käfer verkoteten Waben setzt nämlich dann die Gärung ein, sodass sie nur noch entsorgt beziehungsweise eingeschmolzen werden können.

Hat der Käfer einmal einen Stock besiedelt, so drängt er sich in enge Spalten, wo er vor Stechattacken der Bienen sicher ist. Dort wird er zu einem Fall für die Spezialisten des Propolisregiments. Sie mauern den Eindringling mit Bienenkittharz ein, wodurch sie ihm die Möglichkeit zur Fortpflanzung nehmen. Der lebendig Eingemauerte muss in seiner Gefangenschaft jedoch keinen Hunger leiden. Die Käfer verstehen es, mit ihren Fühlern das Bettelverhalten ihrer Wirte zu kopieren, und werden mit Futter versorgt. Dringt nun der Stockmeißel des Imkers in das Geschehen ein und hebelt die mühsam verkitteten Ritzen auf, befreit er damit die Käfer und schafft dem Volk Probleme.

In den USA ist der Wirkstoff Coumaphos zur Bekämpfung des Käfers im Bienenstock zugelassen, den wir aus dem Bayer-Mittel Perizin kennen, das auch gegen Varroa eingesetzt wird. Ich lehne ihn ab wegen seiner Rückstände in Honig und Wachs. Es gibt zudem alternative Bekämpfungsmethoden wie etwa Käferfallen, die mit Öl funktionieren und einfach von oben in die Wabengasse gesetzt werden. Kommt alle Hilfe zu spät und muss ein Bienenstand verbrannt werden, um der Käferplage Herr zu werden, so darf auch der Umgebungsboden nicht vergessen werden, denn hier findet die Verpuppung der Käfermaden statt. Zur Bodenentwesung kann entweder die chemische Keule ausgepackt werden oder der Imker behilft sich mit Löschkalk, was den gleichen reinigenden Effekt zeitigt.

Wachsmotte

Die Wachsmotte kommt bei uns in zwei Arten vor: Die Kleine (*Achroia grisella*) und die Große Wachsmotte (*Galleria mellonella*) sind beides Schmetterlinge aus der Familie der Zünsler und in ihrer biologischen Funktion mit dem Kleinen Beutenkäfer vergleichbar. Ein gesundes Bienenvolk kann sich ihrer normalerweise bestens erwehren. Schäden treten vor allem bei unsachgemäßer

Lagerung von Wabenmaterial auf. Bei mir zu Hause lagere ich meine Bienenkisten in einem alten Gewölbekeller neben Wein und Eingekochtem. Als ich einmal aus Faulheit das lästige Wabenausschmelzen monatelang vor mir herschob, musste ich, als ich endlich zur Tat schreiten wollte, einen massiven Befall feststellen. Die ganzen Waben waren verkotet, voller Fäden, es stank nach vergorenem Resthonig. Wachs war quasi nicht mehr vorhanden. Die Raupen hatten sich am Beutenrand und an den Rähmchen eingesponnen und harrten ihrer Verpuppung. Im Holz hinterlassen diese Tiere erstaunlich tiefe Kerben. Mein ganzes Material wieder auf Vordermann zu bringen, bereitete eine Höllenarbeit, ohne dass ich die Vorzüge des ausgeschmolzenen Wachses genießen durfte. Als Erstes stellte ich die befallenen Holzteile in den winterlichen Garten, wo hungrige Meisen die Aufgabe übernahmen, in aller Gründlichkeit die schmackhaften Kokons samt Inhalt zu entfernen. Danach reinigte ich alles mit heißem Wasserdampf – und bin seitdem geläutert und schmelze meinen Wachs immer so schnell ein, wie es die Umstände erlauben.

Die Larven der Großen Wachsmotte werden kommerziell als Nahrung für Terrarienbewohner gezüchtet. Unter Anglern am Forellenteich sind sie unter dem Namen »Bienenmade« als Köder sehr beliebt. Ich habe dort einmal mit echten Drohnenmaden mein Glück versucht und keinen einzigen Fisch gefangen, während mein Kumpel mit den Wachsmottenraupen einen Saibling nach dem anderen aus dem Wasser zog.

12
Veganer gegen Bien

»Da aber die Nachfrage nach Honig und anderen Produkten weiterhin sehr hoch ist, werden diese winzigen Tiere, genau wie Hühner, Schweine und Kühe, in der Massenzucht gehalten und benutzt. (…) Durch den Kauf von Honig oder Produkten, die Honig oder Bienenwachs enthalten, unterstützen sie die Ausbeutung dieser unterschätzten Insekten.«

Offizielle Verlautbarung von PETA Deutschland e.V.

Veganismus ist eine Bewegung, die auf den Engländer Donald Watson (1910 bis 2005) zurückgeht. 1944, während des Zweiten Weltkriegs, gründete er die Vegan Society. Auch in Irland hat diese Bewegung eine Menge Anhänger. Unter der großen New-Age-Hippie-Kommune finden sich viele Ernährungsrebellen, die, wenn schon nicht vegan, so doch als Vegetarier leben. Der Zufall kam mir zu Hilfe, als es mir gelang, über eine meiner Hippie-Freundinnen die Cousine eines engen Vertrauten Watsons ausfindig zu machen. Sie lebt in Cork, der zweitgrößten Stadt des Landes. Unweit des Bahnhofs sind die Straßen steil und die schmucken Häuschen aus viktorianischer Zeit auf Terrassen mit hohen Mauern und engen Treppen in die Hügel gebaut. Die alte Dame servierte mir neben Tee mit Milch ein spätes Frühstück aus Speckstreifen, Spiegeleiern, gebratenen Würstchen und Black Pudding. Das ist Blutwurst im Darm, die gequollene Weizenkörner enthält. Eine Spezialität der britischen Inseln, die man am besten mit dem äußerst scharfen englischen Senf genießt. Dazu gab es Toast. Ein bisschen Veganismus würde der lieben Frau wahrscheinlich gut zu Gesicht stehen, denn sie ist durch diese Art der Ernährung recht beleibt geworden, um nicht zu sagen unglaublich dick. Sie heißt Maura. Den Namen ihres Vetters möchte sie nicht veröffentlicht wissen. Ich nenne ihn daher der Einfachheit halber John.

Nach dem üblichen Small Talk und meinem ausgiebigen Lob des Frühstücks setzten wir uns nach draußen auf ihre mit Bruchsteinplatten gepflasterte Terrasse, wo sie mir die Briefe ihres Vetters zeigte. In mit Holzbalken umrahmten Beeten gediehen exotische Blumen wie die weißblütige Calla und die orangefarbige Montbretie – Südirland ist klimatisch begünstigt durch seine Lage am Golfstrom. Es war ein sonniger, warmer Tag mit Schleierwölkchen. Insekten schwirrten um die Blumen. Honigbienen konnte ich allerdings auch hier nicht ausmachen.

Honigvermarktung in Kreta. Hier machen sich die Menschen auf witzige Art Gedanken, mit ihren Bienen ein Auskommen zu erwirtschaften. Lebensfreude statt Honigverzicht.

Der erste Brief stammte aus den frühen sechziger Jahren. Die Tinte, mit der er geschrieben wurde, war verblichen, sodass ich Mühe hatte, die akzentuierte Handschrift zu entziffern. Den letzten Brief hatte John kurz vor seinem Tod 1990 abgeschickt. John war kein besonders fleißiger Schreiber. Insgesamt zählte ich fünf Briefe. Neben allerlei privaten Dingen kam der Vetter auch immer wieder auf Watson zu sprechen, der eine charismatische Persönlichkeit gewesen sein muss. Donald Watson startete sein Berufsleben als Tischler. Während der Weltwirtschaftskrise in den Dreißigern sattelte er um zum College-Lehrer. Im Laufe seines Lebens gab er Tausenden von Schülern Unterricht im richtigen Umgang mit Werkzeugen.

John, Jahrgang 1930, stammt aus Leicester in den englischen Midlands und war einer dieser Schüler. In Sachen Veganismus wurde er zu Watsons Jünger. 1955 trat John der Vegan Society bei und hatte auch privat Kontakt zu Donald Watson. Im ersten seiner Briefe berichtete er begeistert von Milch, die aus Nüssen gewonnen werden kann, und von Watsons konsequenter Lebens- und Ernährungsweise sowie dessen Respekt vor allen Tieren, seien sie groß oder klein. Der zweite Brief begann gleich in den ersten Zeilen mit einem schockierenden Erlebnis im Hause Watsons: »I caught him with the finger in the honey jar!« John hatte Watson beim Honignaschen erwischt. Watson öffnete sich dem Schüler und zeigte ihm einen wohlgehüteten Schatz: ein Schraubglas mit Pollen. Mit der Listigkeit eines Winkeladvokaten erklärte er John, dass Pollen durchaus vegan sei. Es werde zwar von Bienen gesammelt, nicht aber produziert. Watson bezeichnete das behutsame Ernten von Pollen als einen »fair swap« – einen fairen Tausch – im Gegenzug für das Bereitstellen von Wohnraum und den Transport in gute Trachten. John war empört.

Seit 1945 stand Honig offiziell auf der Liste verbotener Nahrungsmittel für Mitglieder der Vegan Society. Von dieser Liste wurde er auf heimliches Betreiben Watsons 1974 wieder gestrichen, was der Purist John nicht in Ordnung fand. John begann, Anhänger um sich zu sammeln. Der Cousine schrieb er von seiner »campaign against the betrayers to the vegan ideals« – der Kampagne gegen die Verräter an den veganen Idealen. Vierzehn Jahre später, 1988, holte er bei einem EGM (»Emergency General Meeting«) zum Schlag aus. Bei diesem außerplanmäßigen Treffen, bei dem längst nicht alle Mitglieder anwesend waren, wurde entschieden, dass künftig keinem Mitglied der Vegan Society das Essen von Honig mehr gestattet sei. In Johns Brief liest sich das so: »Order has been restored.« – Die Ordnung ist wiederhergestellt. Pollen allerdings blieb den Veganern selbst nach dieser Entscheidung gegen den Honig weiterhin erlaubt. John jedoch versagte sich auch diese Nahrung. »That awful taste.« Sie schmeckte ihm einfach nicht.

Knapp zwei Jahre später starb John. Laut Maura ist er verhungert. Sein letzter, mit zittriger Hand geschriebener Brief ist gespickt mit wirren Details über Experimente mit verschiedenen Vitaminpräparaten. Veganern fehlt das lebenswichtige Vitamin B12. Es ist ausschließlich in tierischen Produkten wie zum Beispiel Honig enthalten. In Pollen hingegen fehlt es. Sein Mangel führt bei den Betroffenen zur perniziösen Anämie, welche Schädigungen des Nervensystems verursacht, den Symptomen von Alzheimer ähnlich. Unbehandelt kann die perniziöse Anämie zum Tod führen.

Der heimliche Honignascher Watson hingegen erreichte das biblische Alter von fünfundneunzig Jahren. In seinem letzten, großen Interview im Jahr 2002, das von Anhängern seiner Bewegung wie ein Manifest gelesen wird, gibt er an, seit 1924 weder Fleisch noch Fisch gegessen zu haben. Angaben zu seiner Einstellung, was Honig und Pollen betrifft, sucht der Leser in diesem Interview vergeblich.

Unsere Zukunft ist nicht vegan

Veganer sind hochmoralisch eingestellte Menschen, die den Tieren die gleichen Rechte wie den Menschen einräumen möchten. Genauso wenig wie Menschen sollen Tiere ausgebeutet werden dürfen. Ein Verzicht auf Milch, Fleisch, Eier, Wolle, Leder und Honig soll zudem unserem Klima zugutekommen, für mehr Verteilungsgerechtigkeit sorgen und die Welternährungsproblematik lösen. Bei der Tierethik sprechen sie einen wichtigen Punkt an, der auch mir sehr am Herzen liegt, gerade weil ich die Auffassung vertrete, dass der Mensch als Säugetier nun mal auch ein Tier ist. Unsere Mittiere haben Rechte, die gerade der industrielle Mensch nach Herzenslust mit Füßen tritt. Die verstörenden Bilder von süßen Küken, die im Schredder landen, weil sie als Hähnchen aus dem Ei geschlüpft sind, wollen mir nicht aus dem Kopf gehen. Bullenkälber der einzig auf Milchleistung gezüchteten Turbokühe werden dem Hungertod überlassen, weil sie kein Fleisch ansetzen. Eine intensive Schweinemast, bei der das Leben eines Schweins am Ende das 5-Euro-Preisschild trägt, ist eine riesen Sauerei. Abgesehen vielleicht von der industriellen Gélee-royale-Produktion sehe ich diese Probleme bei der Bienenhaltung jedoch nicht. Ein Bien, der sich nicht wohl fühlt, macht nur Scherereien. Schlechte Behandlung dankt er mit Schwärmen oder Absterben. Ich fordere energische Gesetze, die unsere Bauern und Landwirtschaftskonzerne im Sinne einer art- und wesensgerechten Tierhaltung in ihre Schranken weist. Kühe sollen wieder Gras und Heu fressen können, Schweine sich im Dreck suhlen und Hühner glücklich sein dürfen.

Wer jedoch eine Tiergerechtigkeit einfordert, wie sie den Veganern vorschwebt, der verlangt – konsequent zu Ende gedacht – nichts weniger als das Verschwinden und die Ausrottung unserer Nutztiere. Warum sollte irgendjemand Bienen oder sonstige Nutztiere wie Pferde, Esel, Kühe, Schafe, Ziegen, Tauben, Enten, Gänse

Arbeiterin an Wildrosenblüte

oder Hühner halten, wenn er daraus keinen Nutzen für sich und seine Familie ziehen kann?

Im Paradies der Veganer fließen weder Milch noch Honig. Die radikale Tierschutzorganisation PETA ruft dazu auf, weder Honig zu essen noch Kosmetika oder Medikamente zu nutzen, in denen Wachs oder sonstige Bienenprodukte enthalten sind. Bienenzucht sei »Massentierhaltung« und damit komplett abzulehnen. Ich habe einige Veganer in meinem Bekanntenkreis, die meisten davon übrigens Frauen. Diskussionen mit ihnen empfinde ich als anstrengend, weil die vegane Ideologie sich um unbequeme Wahrheiten herumdrückt und stattdessen voll aufs Dogma setzt. Diese unangenehme Eigenheit kennt man sonst eher von religiösen Sektierern. Wenn ich als Imker die Bedeutung des Biens, gerade auch für die vegetarische Ernährung, anführe und den vorsichtigen Einwurf wage, dass ein Schwarmtier sich nur in der Masse wohlfühlen kann, sind Veganer schnell an ihr argumentatives Ende gelangt. Es heißt dann oft, sie wollen sich für ihren Veganismus »nicht rechtfertigen müssen«, oder sie führen das lahme Argument an, dass ja die Wildbienen die Aufgabe der Honigbiene übernehmen könnten, wir die Honigbienen mithin also gar nicht für die Bestäubung unserer Nutzpflanzen brauchen würden.

Veganer befürworten im Umkehrschluss also die Aufkündigung unserer jahrtausendealten Symbiose mit diesem wunderbaren, faszinierenden Tier und wünschen sich dessen Verschwinden vom Antlitz der Erde? Denn eins ist gewiss: Ohne die Unterstützung des Menschen hat der Bien zumindest in Europa und weiten Teilen Asiens und Nordamerikas, selbst wenn er natürlich Nistmöglichkeiten finden sollte, dank Varroa kaum eine Überlebenschance.

Während ich diese Zeilen schreibe, sitze ich in meiner irischen Schreibstube und blicke auf die blühende Fuchsienhecke. In früheren Jahren war sie stets ein Tummelplatz für Honigbienen, die sich am Nektar der roten Blüten labten. Heute entdecke ich dort ab und zu noch eine Hummel. Seit der Geschichte mit der Polizistin hat unser alter Nachbar die Lust am Imkern verloren. Von seiner einst prosperierenden Bienenzucht ist ihm ein einziges Volk geblieben. Das ist von Varroa geschwächt und so winzig, dass er 2017 keinen Honig ernten wird. Seine Überlebenschancen für den kommenden Winter sehe ich kritisch. Danach wird es ganz vorbei sein mit der Imkerei und den Bienen auf unserer Halbinsel. So einfach. So bedrückend. Für die vegane Gedankenwelt ist dem Tierrecht aber nun wohl Genüge getan. Sie können aufatmen. Die Welt hat sich ein kleines Stück weiter in Richtung des ersehnten Idealzustands entwickelt. Bereits heute wächst auf den Wiesen kaum noch Klee für die naturnah gehaltene, das ganze Jahr im Freien verbringende Bio-Rinderherde. Klee ist zur Vermehrung nun mal auf Bienenbestäubung angewiesen.

Im Jahr 2014 bezeichneten sich neunhunderttausend Menschen in Deutschland als Veganer. Das ist etwa ein Prozent der Bevölkerung, das als Honigesser und damit Unterstützer des Biens ausfällt. Tendenz steigend. Das Fatale am Veganismus ist, dass dieses ein ganz spezielles Prozent ist, denn Veganer machen sich eine Menge Gedanken um ein ethisch richtiges Leben. Nur leider führen die Gedanken dieses Menschenkreises zu einem Ergebnis, das sich in seiner Konsequenz noch weiter von unserer Natur entfernt, als dies eine entfesselte Fleisch-, Milch- und Eierindustrie je könnte. Der Mensch ist evolutionär gesehen ein Raubaffe und Allesfresser. Unser Gebiss weist Reißzähne auf, unser Augenpaar ist wie beim Löwen nach vorne gerichtet und nicht wie bei Pflanzenfressern seitlich angebracht. Viel besser wäre es, dieser beachtlich große Menschenkreis würde durch sein Konsumverhalten nicht nur die Imker, sondern auch jene regionalen Tierwirte unterstützen, die anständig zu ihren Tieren sind und sich durch Haltung alter Rassen deren Aussterben entgegenstemmen.

Ich bin sicher, dass die allergrößte Mehrheit der Veganer noch nie im Leben ein Schwein geschlachtet, noch nie einen Fisch ausgenommen, noch nie im Hühnerstall die Eier eingesammelt, noch nie eine Kuh gemolken und noch nie einen Bienenschwarm eingefangen hat. Sie kennen Nahrung nur als eingepacktes Gut im Ladenregal. Ich bin mit einigen bekannt. Die Wenigsten von ihnen betreiben auch nur halbwegs ernsthaft den Pflanzenbau, sammeln Wildobst oder kennen sich mit Pilzen aus. Im Lesen der Produktangaben auf Lebensmittelverpackungen hingegen sind sie allesamt große Klasse. Inhaltsstoffe tierischer Herkunft entdecken sie sofort. Das betreffende Lebensmittel wird mit tadelnd angewiderter Miene zurück ins Regal gestellt.

Diesen Menschen ist die Nähe zu unseren Mitgeschöpfen verloren gegangen und damit ein gutes Stück Lebensqualität. Kein Wunder, dass eine solche Abgehobenheit zu abstrusen Gedankenmodellen führt. Ich selber habe alle diese Dinge und noch einige mehr in meinem Leben getan, um an gute Nahrung für mich und die Meinen zu kommen. Schlachten ist nicht gerade meine Lieblingsbeschäftigung. Aber einen guten Braten weiß ich sehr zu schätzen. Und diese Gaumenfreude gibt es eben nicht ohne Schlachtung.

Wer generell die Nutztierhaltung in Frage stellt und sich lieber in Synthetik als in Wolle, Leder und Pelz kleidet, wer also lieber die Plastikindustrie unterstützt als den Viehzüchter, der sitzt einer problematischen Ideologie auf.

Der Veganismus ist eine Ideologie, die selbst Hunden ihre artgerechte Nahrung vorenthält. So hat vegetarisches Hundefutter bereits seinen Weg in die Supermarktregale gefunden. Ist es artgerecht, dem besten Freund des Menschen den Biss in ein leckeres Stück Pansen und das Nagen am Knochenmark zu missgönnen? Wo bleibt da das Tierrecht? Ist eigentlich Muttermilch vegan? Wer meinem logischen Schritt folgt und bekennt, dass auch der Mensch ein Säugetier ist, für den dürfte auch die Muttermilch ein Tierprodukt sein. Donald Watson jedenfalls erkennt in seinem großen Interview durchaus Schwierigkeiten, Säuglinge vegan zu ernähren, und fordert weitergehende Anstrengungen, nach geeigneter pflanzlicher Nahrung für sie zu forschen. Denn die Mangelernährung von Kindern ist ein weiteres, ernsthaftes Risiko der veganen Lebensweise.

Veganer lehnen den Verzehr von Honig ab, haben aber kein Problem damit, Rohrzucker zu verzehren, dessen Produktion die Regenwälder zum Opfer fallen – egal. Dass wiederum auf den Zuckerrohrmonokulturen Milliarden von Insekten, Vögeln, Reptilien und Säugetieren den Tod durch Gift und Feuer finden – geschenkt. Die Ausbeutung von Böden und Mitmenschen – Nebensache. Überhaupt: Wer denkt, dass beim Pflanzenbau niemand sterben muss, ist bestenfalls naiv, letztlich aber in gefährlichem Maße ignorant. Ich erinnere mich an eine, immerhin dem Vegetarismus frönende Freundin, die stolz berichtete, wie sie in ihrem Schrebergarten die »widerlichen, ekelhaften« Schnecken mit der Stiefelsohle zermalmte. An diesem Punkt habe ich laut »Siehst du!« gerufen.

Solange es sich um Weinbergschnecken handelt, entledige ich mich der Plagegeister lieber, indem ich sie mit Knoblauchbutter und Kräutern gebacken aufesse. Ich mochte Schnecken schon als Kind sehr gerne. Für Nacktschnecken hingegen kenne ich kein Rezept. Darum sammele ich sie in einen Blumentopf und trage sie zum verwilderten Nachbargrundstück auf die andere Straßenseite gegenüber von meinem Haus. Auf dem Weg dorthin schlich sich letztens eine Träne in meinen Augenwinkel, als ich an die in ihren Boxen verbrennenden Hummelvölker neben den spanischen Folientunneln denken musste. Inmitten der Landschaft aus Plastikfolien müssen die Tiere den Feuertod sterben, damit die Supermarktshopper der Welt den vegetarischen Biss in die Tomate genießen dürfen.

Lassen wir die Polemik beiseite. Sollte dieses Buch nur einen einzigen Menschen dazu bringen, vom Veganer zum Imker zu wer-

*Handgemaltes
Honigmarketing
auf Kreta*

den, habe ich es nicht umsonst geschrieben. Er muss ja nicht gleich zum Jäger, Fischer oder Schlachter mutieren. Imkern ist eine wunderbare Art, zur Natur und damit auch zu sich selbst zu finden. Man entwickelt ein Gespür für den Wechsel der Jahreszeiten, indem man das Kommen und Gehen der Trachten beobachtet. Man produziert eigene Nahrung. Man leistet einen Beitrag zum Fortbestand des Lebens in der unmittelbaren Umgebung. Statt den vorgekauten Dogmen eines englischen Exzentrikers des letzten Jahrhunderts zu vertrauen, ist eigenes Denken und das Akzeptieren einer unangenehmer Wahrheit gefragt. Der Verzicht auf den Honiggenuss führt nicht zu einer besseren Welt!

Danksagung

Dank an Andreas »Wüli« Michels für die Inspiration zur Titelidee, unsere Gespräche und seine Bienenbibliothek, an meinen Vater für meine erste Imkerausrüstung und den ganzen Rest, an meine liebe Schwiegermutter Ingeborg Dorchenas für ihre Unterstützung, an Dete Papendieck, Jaime Toimil, Professor Randolf Menzel, Rüdiger Schwenk, Rainer Schäfer, Hinrich Kuessner, die Familie Rönn, das *Bienen-Journal,* das *Lexikon der Bienenkunde,* an »Imkerpate« Christoph Töpfer, die Honigmacher vom Apis e.V. und all die anderen mit ihren liebevoll gestalteten Websites, Blogs, Büchern und Artikeln, die mir bei meinen Recherchen geholfen haben.

FLORIAN SCHWINN

TÖDLICHE FREUNDSCHAFT

Was wir den Tieren
schuldig sind
und warum wir ohne sie
nicht leben können

WESTEND

320 Seiten
ISBN 978-3-86489-143-4
€ 24,00
Auch als E-Book erhältlich

Es gibt viele gute Argumente, mit den Nutztieren, die wir
essen und auf deren Produkte wir angewiesen sind, besser und
anders umzugehen, als die industrialisierte Landwirtschaft
das heute tut. Faktenreich erläutert Florian Schwinn,
warum die globale Umstellung auf eine vegane Ernährung
ein Irrweg wäre. Für eine flächendeckende menschliche
Ernährung ohne Tiere fehlen weltweit die landwirtschaftlichen
Nutzflächen. Sie wäre weder gesund noch naturnah,
sondern auf Kunstdünger und Agrarchemie angewiesen.

»Schwinn zeichnet kenntnisreich und detailliert die
untrennbare Beziehung des Menschen zu Hunden
Rindern, Hühnern und Schweinen nach. Die Nutztiere
sind für den Autor der Schlüssel zur Zivilsation.«
ORF Kontext